通往卓越之路

像冠军一样思考、感受和行动

［美］吉姆·阿弗莱莫（Jim Afremow） —— 著　曾琳 —— 译

后浪出版公司

北京时代华文书局

献给我的妻子安妮(Anne)
和女儿玛利亚·帕斯(Maria Paz)

你天生就是一名球员。
你就应该出现在这里。
这一刻，是属于你的。

——赫伯·布鲁克斯（Herb Brooks）
1980年奥运会美国"冰上奇迹"曲棍球队教练

名人推荐

《通往卓越之路》揭示了奥运冠军在最紧要的关头发挥出最佳水平所使用的心理技能和策略。阿弗莱莫博士这本举世无双的著作是运动员和教练的必备品。

——香农·米勒（Shannon Miller）
奥运会体操金牌得主，Shannon Miller Lifestyle 总裁

我认真仔细地阅读了这本书，内容引人入胜。吉姆的建议非常简单易懂。一次只读一章，并将其运用到你的运动和生活中。

——尼克·波利泰利（Nick Bollettieri）
Nick Bollettieri IMG Tennis Academy 的创始人兼总裁

《通往卓越之路》是一本关于心理训练的书，有助于发挥出你的运动潜力。我向所有运动员和教练强烈推荐这本书。

——杰基·斯莱特（Jackie Slater）
入选 NFL 名人堂

能听到如此多卓越运动员的故事，真是太棒了！同样棒的是能在阿弗莱莫博士的书中学习到如此多可以帮助你抵达胜利巅峰的技巧。《通往卓越之路》是一剂简单、直接的灵丹妙药，有助于每个人取得高成就。

——莫顿·安德森（Morten Andersen）
NFL 史上最佳得分王，20 世纪 80—90 年代 NFL 最棒的 10 支球队的成员

《通往卓越之路》包含了关于如何取得成功的重要经验、建议和观点。不是只有运动员或教练才能从这本书中受益。无论你身处哪个领域，无论你的目标是什么，吉姆在本书中所提供的技能和策略都是开辟成功之路必不可少的法宝。坦白说，虽然我一直遵循着本书提供的许多策略，但做得仍然不够。尽你所能永远不会太迟！

——丹·詹森（Dan Jansen）
奥运会速度滑冰金牌得主，前世界纪录保持者

全明星球员与普通球员的区别在于思维。吉姆·阿弗莱莫在《通往卓越之路》中很好地探索了这个主题。无论年龄、水平和运动类型如何，对任何想要提升自身表现的教练和运动员来说，这都是一本很棒的书。

——肖恩·格林（Shawn Green）
两次入选 MLB 全明星

思维是一种强大的东西。作为一名棒球运动员，我越自信，心理准备得越充分，我在紧要关头的表现就越好。《通

往卓越之路》会指导你在场内外发掘自身潜力！

——特拉维斯·巴克（Travis Buck）

MLB 外野手，圣地亚哥教士队

想了解提高心理素质的秘诀的运动员都应该阅读《通往卓越之路》。

——卡利·劳埃德（Carli Lloyd）

两届奥运会金牌得主，2008 年度美国足球最佳女运动员

三人行，必有我师。《通往卓越之路》拥有丰富的真知灼见，可以帮助你成为日常生活中的赢家。

——菲尔·梅尔（Phil Mahre）

奥运会高山滑雪金牌得主

在书中看到阿弗莱莫博士描写的运动员每天经历的事情，真是太棒了。他讲到了很多我经历过的情况。在这本书中，你可以学到许多帮助你提升自身表现的简单但非常实用的技巧和原则。

——布丽塔·海德曼（Britta Heidemann）

三届奥运会击剑选手，2008 年北京奥运会金牌得主

《通往卓越之路》内容翔实，可以为任何追求卓越表现的运动员提供非常棒的原则和指导。

——麦克·康德雷亚（Mike Candrea）

美国垒球队奥运会金牌教练，亚利桑那大学女子垒球队八届全国冠军教练

运动员们在训练自己的身体时，可以通过学习训练思维的力量来达到新的表现水平。从准备到恢复到比赛，《通往卓越之路》都可以为运动员提供必要的心理指导，让他们充分发挥自己的运动潜力。阿弗莱莫博士的这本书为读者在如何加强精神力量方面提供了明确的指导，以帮助他们成为更好的运动员、更好的队友和更好的人。

——柯特·托马斯维茨（Curt Tomasevicz）

四人雪橇奥运会金牌得主

我们每个人的内心都住着一个运动员；我们生来就能跑步、跳跃、游泳和以这样或那样的方式进行竞争。奥运会金牌是用以奖励自律、奉献、实力、坚强、智慧、激情、细致、耐心、速度和技巧等的最高荣誉。按照吉姆的方法去做，你也可以在生活的各个领域有出色的表现。知道自己想要什么，然后每天全力以赴地去追求它。把追求卓越变成一种习惯，每一天都追求成功，这就是秘诀。

——娜塔莉·库克（Natalie Cook）

五届奥运会沙滩排球选手，2000年悉尼奥运会金牌得主

你想了解世界上最优秀的人是如何变得优秀的吗？在《通往卓越之路》中，吉姆将无数的奥运会金牌故事提炼成我们都可以使用的简明工具。我敢肯定你将在本书中读到一些有见地的见解，它们会帮助你在自己所从事的领域登峰造极。如果你读了这本书，你会深受启发的。吉姆，感谢你撰写了这本书！

——亚当·克里克（Adam Kreek）

两届奥运会男子八人艇赛艇选手，2008年北京奥运会金牌得主

在阅读《通往卓越之路》时，很多帮助我夺得奥运冠军的事情、习惯和想法涌入我的脑海。《通往卓越之路》教给我许多可以传授给我正在指导的运动员的智慧。选定一条道路，然后坚持走下去；任何值得选择的道路都会有起有落，但《通往卓越之路》会帮你出谋划策，让你在你选择的道路上继续前进。你的专注会帮助你抵达你所追求的巅峰。

——尼克·海松（Nick Hysong）

奥运会撑竿跳金牌得主

阿弗莱莫博士用《通往卓越之路》大获全胜。每位运动员都应该把这本书放在储物柜或健身包里。

——利亚·奥布莱恩-阿米柯（Leah O'Brien-Amico）

三次代表美国垒球队获得奥运会金牌

阿弗莱莫博士在本书中介绍的训练和技巧是我们运动员在NFL训练营参加翁德里克（Wonderlic）人事测试时所进行的准备以及帮助我们取得成功的重要组成部分。在《通往卓越之路》中，阿弗莱莫博士提供了简单但有效的策略，以帮助运动员和教练充分发挥他们的潜力。

——马克·沃斯特根（Mark Verstegen）

Athletes' Performance and Core Performance 的创始人兼总裁

序 言

大多数人是在1980年莫斯科奥运会上记住我的,那时我是"冰上奇迹"曲棍球队的一名守门员。此后我转战销售,至今已拥有超过30年的成功经验。我还是一位广受欢迎的励志演说家和销售培训师,要经常到全国各地发表有关赢得团队合作以及争取商业成功的演讲。

在《金牌战略:美国奇迹团队的商业经验》(Gold Medal Strategies: Business Lessons from America's Miracle Team)一书中,我把在奥运会期间和NHL[①]职业生涯期间使用的训练技巧与多年的销售经验和培训结合在了一起。吉姆读了我的书后与我联系,称由于我是金牌获得者,也是经验丰富的销售培训师,希望我谈谈对他这本书的看法。

我对吉姆这本书很感兴趣,因为我很早就认识到了思维对取得成功的重要作用。《通往卓越之路》是一本既有思想深度,又通俗易懂,且引人入胜的书。吉姆的每个建议都简单清晰,很容易让运动员立即付诸行动。

[①] NHL,美国职业曲棍球联赛(National Hockey League)的英文简称。——编者注(若无特殊说明,本书脚注均为编者注)

在书中，吉姆介绍了很多关于如何制订循序渐进的改进计划以实现既定目标的专业的建议和成熟的心理技巧。他是个好老师，会告诉你如何在各个领域成为冠军，以及如何在最重要的时刻发挥出最佳表现。他的建议清晰易懂，读来津津有味，而且简单易记。

我和妻子有一双十几岁的儿女，他们都是运动员。为了增强他们对运动的兴趣，提高他们的运动表现，我经常跟他们分享我喜欢的关于运动与生活的名言警句。我家里有一个罐子，里面放满了写着这些名言警句的纸条，我鼓励孩子们每天抽出一张纸条并付诸实践。

无论你是运动员、父母还是教练，建议你都看一看你手中的这本书，把它当作自己的成功宝典，因为在《通往卓越之路》中，满满当当都是金牌课程，可供你反复学习吸收，从而最大限度地发挥自己的运动潜力。请随身携带这本书，然后在你需要灵感或想要练习心理技能时拿出来读一读。要想提高心理素质非常简单，训练前读几页《通往卓越之路》或坐在球队大巴上思考下一场比赛的打法都可以。

从今天开始，向金牌冲刺吧！你会为此而自豪的。

吉姆·克雷格（Jim Craig）
1980年美国"冰上奇迹"曲棍球队守门员

引 言

你在别人身上发现的优点
其实就隐藏在你自己身上

不要羡慕冠军,让自己成为冠军!

　　本书提出的挑战性计划详细阐释了如何才能让自己的运动成就抵达巅峰,并成为所从事的运动或健身领域的冠军,无论你是高中运动员、大学运动员、业余运动员、职业运动员还是奥运健儿。这意味着你将通过尽自己最大的努力来最大限度地参与运动与生活的方方面面。这样,冠军对你来说就是水到渠成的事情。

　　想想你生活中那些积极乐观的人、那些你非常尊重的人。在这些朋友、队友和教练中,你最看重他们哪些性格特质?在你的生活中,哪些人坚忍不拔、意志顽强?

　　再想想那些从古至今的运动英雄——奥运健儿、职业运动员、冒险家以及极限运动爱好者。你最尊重谁?他们身上的什么特质是你最欣赏的?胸有成竹?专心致志?泰然自若?竭尽所能?抑或其他?

　　其实,那些别人身上你所欣赏的心理特质同样隐藏在你自己身上，有待你充分挖掘出来。如果你看过2001年世界职业棒球大赛，在第七场第九局接近尾声的时候，托尼·沃马克（Tony Womack）给洋基队投手马里安诺·李维拉（Mariano Rivera）来了个打点的二垒安打，你可能会想：要是我是那个击球手就好了。如果你看过泰格·伍兹（Tiger Woods）泰然自若地在美国名人赛赛场上昂首阔步，你可能会激动地说：“希望我也能够在高尔夫球场上如此镇定和自信。”

如果你能发现别人的某个优点，那么你自身或多或少也拥有那个优点。因为只有具有相似特征的人才能看到别人身上的这些特征。记住如果我能发现别人身上的优点，我自己也拥有这一优点。

当看到成功人士在极端艰难的情形下的表现时，我们要么崇拜，要么嫉妒，这是常见的心理反应。然而，我们对他们的崇拜可能含有某种虚高的成分，他们实际上并不像我们以为的那样优秀。尽管如此，大多数人很快就会否定自己也可能成为甚至超越自己最崇拜和尊重的偶像的想法。

我们必须认识到，所有人都大同小异，我们都拥有在他人身上所看到并欣赏的美好特质。与其模仿这些特质，不如试着把自己积极的一面和优点充分展现出来，成为让自己崇拜的冠军。

秉持这种生活态度并努力做到最好，这是我们追求冠军的方式，也是本书所讲的出类拔萃。你的主要目标是通过培养一种冠军的思维模式来最大限度地发挥自己的运动潜能。瑜伽师贝拉（Berra）有一句话讲得很对：“运动90%靠的是的心态，剩余的才是体能。”如果你想表现得像最优秀的运动员，你必须像他们一样思考。实现这一目标需要一个心理准备的过程以及相关的心理技巧、心理策略和卓绝的智慧。

考虑到现今的运动员、教练和家长都很忙，本书各章节的内容都力求简明扼要。每一章都介绍了提高心理素质的重要方法，你可以立即上手，以正确的方式思考和行动。无论你年龄几何，目标所向，这些建议都直指要害且高效实用，也是企业、学校和日常活动所需的重要生活技能。

本书提供了世界级运动员的心理素质提升指导和经验教训。你将直接从多位金牌得主那儿学到帮助他们在奥运会的严峻考验中获胜的心理技巧。本书通过讲述在夏季和冬季奥运会中获胜的美国和其他国家的奥运冠军各自鼓舞人心的故事，展现了九位金牌得主的心路历程。每个运动员都分享了各自在为争夺奥运会金牌训练和拼搏时的心境。你将学习在为实现自身最高的运动和健身目标做准备时，如何像冠军一样思考、感受和行动。

书中的建议基于表现心理学的经典研究和最新研究发现，以及我在运动心理学方面积累的广泛而有用的专业经验。不要急于求成，每天阅读一章或每次阅读一条建议，这样才能充分吸收其中的内容，从而充分挖掘出自己真正的潜力，成为自己的冠军。

让我们开始学习吧！

| 目录 |

名人推荐 001
序　言 007
引　言 009

第1章　成为自己的冠军　1
　　冠军的问题　7
　　像冠军那样去行事　9
　　奋斗吧，每一天　10
　　日常自查问题　12
　　冠军的今日待办清单　13
　　人际关系的力量　16
　　团队合作：共同的命运　18
　　用信念和行动进行领导　20
　　胜利的另一个名字是变化　23

第2章　掌握心理技能　27
　　目标设定：想清楚，然后写下来　29
　　心理意象：在心中想象如何实现目标　32
　　自我暗示：喂养心中的好狼　37

提高自信：展示自信的肌肉 40

专注当下：冠军都是当下主义者 43

呼吸控制：为你的表现注入活力 46

心理韧性：建立内在力量账户 48

焦虑管理：从惊慌失措到兴奋不已 50

自得其乐：幽默是最好的良药 53

身体语言：打造金牌印象 56

适度紧张：找到自己的理想状态 60

自我肯定：成为冠军的有力武器 62

第3章 为赢而战 65

制定团队口号 69

放下包袱，轻装上阵 70

不要绷着脸 71

等待行动的时机 71

过程，过程，过程 72

简单至上 73

别着急，慢慢来 74

庆祝自己的高光时刻 75

需要时，请卷土重来 75

热爱磨炼 77

扮演好运动员这个角色 79

做教练教你的事情 79

适度愤怒 80

问自己适当的问题 81

在心中播放音乐 82

不要夸大困难 84

打好比赛，不找借口 84

即兴发挥，即刻适应，即时克服 86

这就是我 87

专注于希望发生的事情 88

压力是一种荣幸，而不是一个问题 89

相信自己的才能 91

第4章 冠军的智慧 95

以掌握某一技能为目的 96

成为自己最强劲的对手 98

尽你所能 99

平静地享受成功 100

保持坚定的自信 100

管理你的缺陷 101

忘掉错误，继续前进 102

失败是良师 103

打破偶像崇拜 103

不要因为自负而不去寻求帮助 104

奋斗产生力量 105

进入首发阵容 106

没有付出就没有收获 106

消除劣势，发挥优势 107

移动链尺 108

每一刻都是黄金时间　110

热爱运动，享受比赛　111

无条件接受自己　112

练无止境，学无止境　112

掌控你所能掌控的　113

保持良好的视角　115

像对待别人那样对待自己　116

做自己的忠实粉丝　117

表现出自己的专业素养　117

适应不舒适　119

最佳表现与手中的沙子　119

工欲善其事，必先利其器　120

好，更好，最好　121

第5章　锻炼、营养、疼痛、受伤和重生　125

制定并维持适合你的制胜策略　126

吃出快乐，吃出精彩表现　130

疼痛管理：理智应对疼痛　134

受伤时，动动脑筋　139

重生：放松身体才能从中受益　143

第6章　掌控你的个人命运　149

小心你的团体迷思　150

你能通过棉花糖测试吗　152

让我们结伴而行　154

　　　　冠军运动员的父母　156

　　　　感恩不是陈词滥调　158

　　　　冥想：大脑的仰卧推举　160

第7章　禅入佳境　165

　　　　清空杯子　167

　　　　僧人与镜子　168

　　　　负　担　169

　　　　曹源一滴水　170

　　　　福兮祸兮　171

　　　　悬崖上的野草莓　172

　　　　侮辱的礼物　173

　　　　全力以赴　174

　　　　巨大的波浪　175

　　　　青蛙与蜈蚣　177

　　　　驯伏此心　178

　　　　杰　作　179

　　　　何谓安宁　180

　　　　画　虎　181

　　　　呼　吸　182

　　　　一切都会过去的　183

　　　　砍柴，挑水　183

　　　　顺其自然　184

　　　　命　运　185

　　　　追两只兔子　186

旅　馆　187

雕　像　188

第8章　金光辉映　191

澳大利亚　邓肯·阿姆斯特朗　194

加拿大　约翰·蒙哥马利　198

东德　加布里尔·奇波洛内　201

加拿大　亚当·克里克　203

美国　达纳·喜　207

美国　尼克·海松　209

美国　菲尔·梅尔　211

澳大利亚　娜塔莉·库克　213

加拿大　格伦罗伊·吉尔伯特　215

第9章　你的世界顶级比赛计划　221

心理技能记分卡　222

赛前心理准备　226

给自己打气　230

大型赛事中的心理错误　232

四英尺推杆与平行宇宙　236

可以屈服，但不要放弃　238

第10章　心理上的适者生存　241

后　记　255

附录Ⅰ　成为一名冠军型学生运动员　261

附录Ⅱ　睡眠秘诀　263

致　谢　265

第 1 章

成为自己的冠军

我们对待处境的态度可以决定我们的成败。

——佩顿·曼宁（Peyton Manning）

在运动中，顶级选手与普通选手的区别是什么？思维模式。篮球界传奇人物卡里姆·阿卜杜勒-贾巴尔（Kareem Abdul-Jabbar）曾将思维模式对竞技体育的重要性精辟地总结为："思维让其他一切事物发挥作用。"网球大师诺瓦克·德约科维奇（Novak Djokovic）也说过："排名前100的球员的身体素质差别并不大……积极的思维模式才是帮助他们应对压力并在适当的时候表现出色的关键。"

因此，思维模式最重要。我们很难单凭体能就拥有卓越的赛场表现。即使是极有天赋的运动员，如果想要发挥自己全部的潜力，也需要出众的体能和积极的思维模式相配合，因为他们表现出色的秘诀不在于他们天生的运动才能或技术能力——而在于他们的思维模式。

顶级运动员往往因其独特的天赋而备受关注，尤其是在媒体上。例如，最伟大的奥运游泳运动员迈克尔·菲尔普斯（Michael Phelps）拥有信天翁一样的长臂，网球明星罗杰·费德勒（Roger Federer）可以如精妙的瑞士手表般分毫不差地掌握时机，奥运短跑运动员及世界纪录保持者乌塞恩·博尔特（Usain Bolt）像避雷针一样灵敏。

他们的思维模式和职业道德无形中提高了他们的天赋才能。如果你渴望成为冠军，不要惊叹于他们卓越的光芒，而应清楚地认识到，他们也需要在游泳池、球场和赛道上练习成千上万个小时以增强体能，塑造思维。

长跑运动员帕沃·努尔米（Paavo Nurmi）获得过9枚奥运会金牌（其中在1924年巴黎奥运会上就斩获了5枚金牌），被称为《飞翔的芬兰人》，他曾宣称："思维就是一切。肌肉只是一块橡胶。我之所以是我都是因为我的思维。"你也可以通过《通往卓越之路》来培养运动所需的专注力与自律。无论是工作还是运动，抑或两者兼而有之，自信、专注和镇定等心理素质对成为你所从事领域的冠军都至关重要。

与体能相比，心理素质因易受表现压力和情境需求的影响而起伏不定。这是事实，你不能把自己的运动表现随便交给运气。就像你可以通过训练来增强体能一样，你也可以通过训练来提升心理素质。必须以有计划、有目的的方式来训练自己的思维，提高思维敏捷度，这样你才能尽己所能地将自己的表现提升至冠军水平。

追求冠军。无论是体育运动还是健身活动，在追求卓越的过程中，我们都会遇到相似的困难，都要应对严峻的挑战。要成为冠军，实现个人的运动成就，你最真实、最好的自我是关键。众所周知，唯有那些认准金牌并且永不甘于屈居银牌的运动员才会不断努力以达到他们的最高水平。尽管有时看似不可能，但冠军可以成就伟大。

当然，我们大多数人既不是奥运选手，也不是职业运动员，但我们都可以拥有冠军的思维模式，都可以学会像冠军一样思考。我们每个人都可以通过实现最佳自我成为人生游戏中的顶尖高手。我们可以努力成为最好的自己。身处逆境时，我们能够保持"专业"。让坚忍不拔的精神牢牢地扎根于我们的心底，促使我们不断前进，成就我们的冠军之路。

这一过程不仅要求我们保持对学习和成长的渴望，还要求我们采取训练有素、纪律严明的行动彻底改变我们的生活。

因为只有少数人有资格参加奥运会或成为职业运动员，所以几乎很少有人会以最高标准来要求自己成为最好的自己。我们很难承认这个事实，但是如果承认这一点，并且想在人生中获得冠军的愿望非常强烈，那么此刻命运就掌握在我们自己的手中。问题是，你将如何抉择？

你得明白，你的表现是平庸还是出色取决于你的思维状态。所有人都能够学会像冠军一样思考，但我们会这么做吗？采用获胜者的思维模式有助于你保持最佳状态，并在你最想成功时助你成功。挖掘你的内在潜力，释放你内心的冠军梦想。

获胜者的思维模式可以在比赛中激发你的运动才能。冠军们往往有一套能够将思维方式、运动能力、技巧和策略完美地融合在一起的方法。他们满腔热情地利用每一种情况，坚持不懈地努力工作，并不惜花费业余的时间来实现自己的愿望。

编制个人自查报告。作为一名运动员，请认真仔细地审查自身各个方面的表现，编制个人自查报告。首先，回想一下你在赛场上的思维方式、运动能力、技巧和策略。你自己如何评价自己在这四个方面的表现？别人会怎么评价你在这四个方面的表现？一定要保持积极乐观心态，因为无论是态度消极、努力不足，还是不愿意加强训练、提升自身的技巧和策略，都会让你无缘领奖台。

　　下表是个人自查表，冠军们不断努力，通过改善他们的思维方式、运动能力、技巧和策略来达到自身最佳水平。即便你是一位出类拔萃的运动奇才，仍然需要不断挖掘自身的才能。即使你所在的团队所向披靡，你也必须不断前进，并相信自己还能更上一层楼。"没有哪个教练或团队会贪图愉悦或舒适——这在他们的字典里不存在。你应当不断地去竞争，去行动，去提升自己。无论你过往的成绩是好是差，都没有关系。"NBA[①]圣安东尼奥马刺队主教练格雷格·波波维奇（Gregg Popovich）说。

　　你决心取得什么样的成绩——铜牌、银牌或金牌？不管你目前的表现水平如何，永远要对自己有在比赛和生活中成为冠军的能力抱有期待。你可以做得更好。你可以发挥自身的真正潜力。改变对可实现目标的信念和期望，这可能会对自己的生活产生重大影响。态度是一种决心，也是一种习得性行为，需要依靠自律和精力来维持。

个人自查表

	思维方式	运动能力	技巧	策略
铜牌				
银牌				
金牌				

[①] NBA，美国职业篮球联赛（National Basketball Association）的英文简称。

要获得冠军级别的成绩，就得以金牌选手的标准要求自己，看自己是否付出了跟金牌选手一样甚至更多的努力。把金牌视为展现自己最佳实力和成绩的一种奖励和动力。奥运摔跤冠军约旦·巴勒斯（Jordan Burroughs）有一句口头禅："我的眼里只有金牌。"让我们像巴勒斯一样专注于最高的目标，并始终为最好的结果而努力吧！

无论你是学生运动员、业余运动员、职业运动员，还是奥运会上颇具实力的竞争者，以金牌为目标有助于你努力实现优秀的战绩并获得真正的竞争优势。追求最高目标将给予你实现个人成就的最佳机会。我们都值得拥有闪闪发光、飞黄腾达的时刻，但唯有通过机智而努力地工作才能实现这一点。

我们要意识到，此时此地最适合成为自己比赛和生活的冠军。借用鲍勃·迪伦（Bob Dylan）的话："你要么忙着生，要么忙着死。"让我们为了实现自己的运动目标而努力吧。无论你是去健身房健身，还是在跑道上跑步，抑或踏上橄榄球锦标赛的赛场，你都可以表现出冠军水准。为什么要甘居人后呢？细想一下：

- 没有时间？花费那些时间是值得的！
- 没有精力？你会获得精力！
- 怀疑自己？开始怀疑你的怀疑！

冠军的问题

冠军不是在健身房里产生的。

冠军是由人们内心深处的渴望、梦想和愿景造就的。

——穆罕默德·阿里（Muhammad Ali）

当你成为自己的冠军时，你的生活将会是什么样子？这是冠军面临的最重要的问题。现在花一些时间想象一下，你在比赛和生活中有了重大突破，每一天都是冠军。你想象着自己像往常一样工作、训练、参加比赛。想象一下如果自己达到金牌水准，成为最好的自己时是什么样子，越具体越好。与别人相比，你认为自己具体哪些方面做得更好或与众不同？

现在你已经重新定义了自己的游戏规则，你认为别人会怎么看？你想让他们注意到什么呢？又有什么会让你的队友、教练或竞争对手感到惊讶呢？如果你可以走出自我，审视自身的新表现，你会从自己的新态度和新行为中认识到什么呢？

准确地找出你的哪个所作所为最能伤害你的事业，然后立即摒弃它。要达到冠军水平，你必须改掉所有不良习惯，比如训练时经常迟到或只是到那里做做表面功夫。除非输给自己，否则我们都是冠军。

让你的新金牌故事引人入胜、生动有趣又个性十足吧。你需要先树立一个目标才能实现它。每当你试着这样做时，如何成为冠军这一想法就会变得越来越清晰，越来越强烈；而新的思维模式会让你按照正确的方式行事。

要走得更远，最好把拥有冠军式生活所带来的个人自豪感和内心的平静与将来内心深知自己未能达到最佳成就而感到的痛苦和遗憾进行比较。你是会为了一时半刻的舒适而牺牲自己在比赛中最想达成的目标？还是会继续全力以赴，尤其当你不那么喜欢做一件事情的时候？

什么才是体育界真正的卓越？关于这个问题，我最喜欢北卡罗来纳大学传奇女子足球教练安森·多兰斯（Anson Dorrance）的回答。一天清晨，他开着车去上班，当经过空荡荡的训练场时，他看到一名球员正在远处独自加训。他没有打扰那位球员，继续开车，但后来他在她的储物柜里留下了一张纸条："有冠军气质的人就是那些在静默无人、精疲力尽时仍然发奋努力的人。"这个球员就是年轻的米娅·哈姆（Mia Hamm），后来她成为了女足史上最伟大的球员之一。

在追求卓越竞争力的同时拥有一个宏大的梦想以及自己的未来将会怎样的清晰愿景，总能激发出不同凡响的成就。你的梦想之地是什么？当你竭尽所能并满怀激情地追求自己的梦想——在运动中做到最好时，你在比赛中又会有怎样的卓越表现呢？你对上述问题的答案要生动有力得足以在你需要时给你一剂肾上腺素，让你实现只有完全与你心中的真实渴望联系在一起时才能产生的爆发。

英国田径明星凯莉·赫尔姆斯（Kelly Holmes）爵士在遭受个人困难和身体问题时，仍然坚持她的体育梦想。在2004年雅典奥运会800米和1 500米比赛中，赫尔姆斯战胜了抑郁症和身体伤病，在这个体育界最大的舞台上大放异彩，夺得金牌。在她的《放手去做吧！6个获得成功的简单步骤》(Just Go for It! 6 Simple Steps to Achieve Success）一书中,这位奥运双金得主阐明了始终考虑到各种可能性的重要性:"如果我们不认为它们是不可能的,我们能做更多的事情。梦想并非毫无可能,所以去实现你的梦想吧!"

像冠军那样去行事

像你所思所想那样去行动吧!
——威廉·莎士比亚(William Shakespeare)

没有通往卓越的金光大道,因为卓越本身就是金光大道。除非你踏上这条大道,否则你永远都不会有机会实现卓越。正因如此,每天都要安排出一定的时间去像冠军一样超常表现。这就像橡胶遇到道路,一切都那么完美。你要信心十足,专心致志,活力四射,并且勇担责任。

以最高水平投入比赛与只按照平常水准发挥相比会有怎样不同的感觉?你是提早到达训练场地还是紧追慢赶最后却迟到了?你是每周都制订详细的训练计划,还是借口太累或太忙而不做任何准备?你是否会为了追求卓越付出更多的努力?

拿不到奖牌的人会说:"总有一天我会做到的。"而金牌得主则说:"今天我做到了。"乌克兰的谢尔盖·布勃卡(Sergey Bubka)是1988年汉城奥运会上创纪录的撑竿跳高运动员和金牌得主,他一直倡导大家"先做后说"。行动确实比言语更响亮,所以现在花一点时间问问自己:"我是否能够在为自己的竞争做准备这件事上说到做到?"

有时候，你会觉得没有动力或神经崩溃，觉得自己好像只够格参加等级较低的比赛。这是你非常关键的时刻。想象一下，假如你训练前非常恐惧，那就干脆用前30分钟热情满满的时间来进行突击训练，就好像你真的非常喜欢这么做一样。大多数时候你会一直保持这种状态，因为你会在不断地进步中感觉越来越好。

克服内心干扰，挑战旧有模式以及改变不良习惯最好最快的方法是先假装自己已经做到了，直到找到自己的最佳状态并从中恢复过来或直到完成比赛。放慢速度，一步一步来。惶恐不安不是冠军该有的状态。

与其为了缓解恐惧或焦虑而不敢踏出舒适区半步（明天再锻炼或吃掉整个比萨），不如做自己不想做的事（去健身房锻炼或坚持营养计划），这才是决定你能否完成自己的运动目标的关键。你要意识到，你既可以像冠军一样严格要求自己，也可以走阻力和挑战最小的路，一切选择都在你。

打破思维定势，最大限度地挖掘自己的心智资源，沉着冷静，昂首挺立，稳步前进。最终，你会养成新的、积极的生活方式和行为方式，这些方式会在适当的时候自动发挥作用。这个策略改变了游戏规则，它将给你带来巅峰状态的行为和情绪。像冠军一样行事确实很有效，不妨现在一试。

奋斗吧，每一天

> 拼搏并非四年一次，拼搏应在每一天。
> ——美国奥林匹克委员会的座右铭

NFL[①]费城老鹰队主教练齐普·凯利（Chip Kelly）在执教俄勒冈大学鸭队时取得了前所未有的战绩，他说过一句引人注目的团队座右铭："赢在每一天。"这意味着你应该利用每天带来的机会成为你可以成为的最佳运动员。唯有接受"不进则退"这一获胜哲学才能实现个人的卓越，拥有竞争的优势。发挥出最高水平应该是我们每天追求的目标。

卓越只能在今天实现——而不是在昨天或明天，因为昨天已经过去，明天尚未到来。今天是你唯一能够施展才华并尽情享受的一天。你面对的挑战就是在生活的各个方面赢得胜利。为了达到这个目标，你需要赢得每一天的胜利。爱拖延的人从来与冠军无缘。

制定每日目标并努力实现它们就是你抵达冠军宝座的方式。你如何在今天变得更好？今天你会完成什么目标？那些拿不到奖牌的人总是对昨天的失误耿耿于怀，而对当下要做的事情再三拖延。

游泳选手马克·施皮茨（Mark Spitz）参加了1968年和1972年两届奥运会，斩获9枚金牌、1枚银牌和1枚铜牌，成绩斐然。他是第一位在单届奥运会中获得7枚金牌的运动员，这一惊人的成绩直到36年后才被迈克尔·菲尔普斯在2008年奥运会上以8枚金牌的成绩超越。施皮茨明白每天都追求卓越的重要性。他表示："我会竭尽所能做到最好。我不关心明天，只在乎今天发生的事情。"

像齐普·凯利和马克·施皮茨一样去赢得每一天的胜利，

[①] NFL，美国职业橄榄球联赛（National Football League）的英文简称。

这意味着你要进行更多的训练，保证休息和恢复时间，并在赛场上奋力厮杀。你应该全情投入，并从中获得最大收益。今天是一个为金牌而战的崭新机会。保持专注，不要脱轨。

今天你需要做些什么来使自己处于一个更有利、更积极的运动状态？作为冠军，你永远不应该满足于你所能达到的水平，而且你还必须认识到，你并不需要每一分每一秒都保持自律，你只需在要避免诱惑或采取积极行动的几个关键时刻严格管控好自己。要做出冠军级别的表现，就要知道何时需得纪律严明，何时可以好好放松——即摈除杂念，享受休息时间。你要避免的主要诱惑是什么？你要采取的最积极的行动又是什么？

我们要认识到，在竞争中有时需要坚忍不拔的自律，但有时我们最好休息一下。例如，高尔夫球手在击球时必须遵守纪律（注意力集中在高尔夫球上），而在没有击球时可以放开注意力，在球道上放松放松（注意力离开高尔夫球）。

在绝对需要自律的时候，把"只要金牌，永不满足于银牌"这句话作为自律的格言。例如，大声对自己喊"我只要金牌！"（或"我要做到最好！"）；或者想象一下，当你正准备做一个重要选择时，比如在一个风寒雨冷的清晨，你正在犹豫是摁掉闹钟继续睡觉还是从温暖的被窝里爬出来进行训练时，这些话刚好从扬声器中传来。

日常自查问题

作为一名格斗家，与早晨醒来时相比，

我在晚上入睡前更出色。

——乔治·圣-皮埃尔（Georges St-Pierre）

UFC① 次中量级冠军

日出时分，问问自己：

"今天我将如何成为冠军？"（打算）

日落时分，问问自己：

"今天我是如何成为冠军的？"（自省）

冠军的今日待办清单

让梦想照进生活，
然后看着梦想成真。

——佚名

要想有冠军级别的表现，你必须有一个能帮你获胜的场外计划，这个计划要包含一些具体的策略，例如你可以利用恰当的环境线索来实现卓越，并提醒自己，你正在努力取胜。在显眼的地方贴张便条，上面写着"只要金牌，永不满

---

① UFC，终极格斗冠军赛（Ultimate Fighting Championship）的英文简称，是目前世界上级别最高和规模最庞大的职业综合格斗赛事。

足于银牌"，或将这句话设为电脑的桌面背景，这样可以激励你以一种获胜者的思维模式展开一天的生活。

只要金牌，永不满足于银牌

在电子设备上设定类似"我只要金牌"或"我要做到最好"这样的信息每天自动提醒自己，例如在手机上设置闹钟，一到特定时间闹钟就会响起并显示"冠军"字样以此提醒自己。如果你在一天的某些时候容易感觉疲劳或易受干扰——把时间浪费在互联网、垃圾食品或酒精上——那么就在这些时间设置"我只要金牌"的电子提醒。

时间管理就是优先级管理。给你的事情排出优先次序，无论你是学生运动员、职业运动员还是业余运动员，都应该把这当成是你每天和每周比赛计划的重要组成部分。例如，每天拟定你在追求冠军的道路上的日程。合理分配你的时间、精力和资源。每一天、每一次训练、每一个时刻，都把对冠军的追求铭刻在心中。这样就能够持续取得成功。

永远记住"乐趣"这一关键词，并在日常活动中加入一些乐趣，因为在令人满意的成功生活中，一些小乐趣就会有很大的助益。无论你喜欢什么样的活动或有什么爱好，都尽情地享受它们吧，而你也将从这些心灵的休憩中得到新的活力，并获取佳绩。冠军们都知道，没有人会替他们生活、训练或者参赛。冠军之所以是冠军，就是因为他们会对自己的生活负责并做他们认为对自己最好的事情。

每天安排适量的挑战。不切实际的计划往往会弄巧成拙，不可行的计划则会令人无比沮丧，因此安排的任务量要合理。一天结束就尽情享受当天的成果。

每日日程表和待办事项清单都是帮助你实现最高效率的绝佳工具。但是尽量不要把日程安排得太满或在上面安排一些不重要的事项。要想有冠军级别的表现，你的待办事项清单必须是一个"现在就要做"的事项清单。

在努力工作或改变习惯的过程中保持自律一开始会让你感到不适，但之后你会越来越强大。想象一下你的待办事项清单上的事情一件件减少的那种美妙的感觉，这有助于你取得积极的成果。人生就是一个不断做选择的过程，时间无比珍贵。只有做出正确的选择并明智地利用时间，才能掌控自己的人生。

为了提高日常表现，请在手背上贴一个小金点或戴一条金色腕带。这些东西很容易在视觉上激发你的最佳状态，让你全力以赴，并时刻保持一颗追求冠军的心。无论走到哪里，小金点或金色腕带都会时常让你想到"只要金牌，永不满足于银牌"的宣言。

安排配套计划。 为了提高效率，获得内心的平静，我们中的许多人还需要继续努力，让自己变得更有条理。你是否对每天的饮食都有思虑周全的计划，包括怎样补充零食以让营养更均衡？你出门参加比赛时会对怎样打包行李有一个计划吗？

参加比赛之前，最好提前一天打包好行李。记得带上衣服、运动装备、备用毛巾、健康的零食（葡萄干、花生和香蕉）、瓶装水和现金。然后给手机和iPod充好电。

请记住，对生活的其他方面做一些系统调整有助于改善自己的心情，提高自己的表现。例如，保持卧室、办公室和运动储物柜的干净整洁；用彩色文件夹对所有文件进行分类；尽可能循环利用一切能循环利用的东西；每日计划只保留一些必要事项。

定期花 30 分钟整理和清扫你的空间，以避免造成严重的混乱。减少私人环境中的杂乱无章会降低压力水平。在整理和清洁时听听音乐会有所帮助。不要听那些你平时经常听的音乐。大胆尝试爵士、古典、嘻哈、经典摇滚、重金属、乡村、柴迪科[①]、迷幻或电子等不同类型的音乐。在不同的情况下会有不同的音乐吸引你，对此你会感到惊讶不已。

人际关系的力量

> 每个人都太想表达自己了，
> 导致交流无法进行。
> ——尤吉·贝拉（Yogi Berra）

人际关系既可以促进也可以阻碍你追求卓越。因此，人际交往能力可以说与运动能力同等重要，关系到你在体育运动中是否开心以及是输是赢。人际交往能力包括理解自己和他人，有效地交谈和倾听，以及建立积极有效的人际关系。

米丝蒂·梅-特雷纳（Misty May-Treanor）和凯莉·瓦尔什·詹宁斯（Kerri Walsh Jennings）这对搭档是有史以来

---

① 柴迪科，英文译作"Zydeco"，一种来自美国路易斯安那州南部，混合了法国音乐、加勒比音乐和布鲁斯的黑人舞曲，使用的乐器有吉他、手风琴甚至洗衣板，相当具有草根性，听起来类似蓝调，却多了一些俏皮活泼的感觉。

获奖最多的沙滩排球运动员。认识到有效沟通的价值之后，在2012年奥运会前夕，她们请来了运动心理学家进一步改善彼此之间在场内外的沟通。在伦敦奥运会上，这对充满活力的二人组连续夺得了3枚金牌，创下纪录。

无论你是参加个人还是团队运动项目，良好的人际交往技巧对帮助你与他人建立良好的关系并解决与教练、队友、媒体、运动治疗师、裁判、竞争对手、家人和朋友等人的冲突至关重要。如何培养人际交往能力，请参照以下几点：

了解你的权利。不要让别人侵犯你的权利。不要容忍语言、身体或性方面的虐待。当某人的行为侵犯了你的权利时，应该立即告知对方，而不是等着看它是否再次发生。理想情况下，应该明确指出对方对你的权利的侵犯。同样，你也应该尊重他人的权利。

用心倾听。给予他人完全的关注，不要只顾自己的回应或想入非非。保持专注的姿态，进行眼神交流，并不时点头同意。别人说完之后，简单总结一下，以此表达你对对方的理解。良好的倾听技巧会鼓励对方与你交谈下去。

不要妄加揣测和评论。了解对方的想法、感受或体验，而不是告诉对方你所认为的他们的感受。同样，其他人也不应该揣测你的想法、感觉或体验。始终保持沟通顺畅并互相尊重。

出现问题及时沟通。不要让与他人之间的问题恶化。如果需要的话，休息一下（或者一整天），让自己的头脑清醒或冷静下来；然后告诉对方你的感受以及你想如何改正。这种方法可以快速化解任何误会，并让事情回到正轨。问题发生了生闷气没有任何好处。

对事不对人。不要说"你这个人真是……"这样针对个人的话，更有效的说法是："你在其他队友面前那样说我，让我感觉受到了侮辱。你是故意的吗？"明确告诉对方他们的哪些行为让你感到被冒犯会更好。不要以偏概全，说一些"你永远不会……"或者"你总是……"这样的话。

让公平成为法则。不要试图追求十全十美或期待别人十全十美。差异出现时，寻找一种折中的方法。在与他人的关系中，问问自己："在这种情况下，什么对双方都公平合理？"我们的目标是共同努力去寻找适合每个人的解决方案。摆脱"对-错""有-无""好-坏"这种二元对立的思维模式。

团队合作：共同的命运

> 一箭易折，十箭难断。
>
> ——日本谚语

日本故事"十壶酒"体现了貌合神离的团体和齐心协力的团队之间的不同之处。在故事中，十位老人决定用一大坛热酒来庆祝新年。由于每个人都无法独力为所有人提供这么多酒，于是他们约定各自带一壶酒过来，然后倒入温酒用的大盆中。在去酒窖取酒的路上，每个老人心中都在想："我的酒太贵了，不能拿出来分享！我就用水冒充酒，反正又看不出来，没有人会知道。"所以，当他们围在一起往大盆里倒酒时，每个人都装得郑重其事；而当他们温酒、往别人杯里倒酒时又心虚得不敢看对方。

故事中的老人不约而同地以水充酒的现象就是心理学所说的社会懈怠（social loafing）[①]现象。社会懈怠指的是，当个体与群体其他成员一起完成任务时，由于个人责任的分散，会出现个人所付出的努力比单独完成任务时偏少的现象。

要想成为金牌队友，请记住"十壶酒"中的老人。不要踌躇不前，自始至终尽自己最大的努力。抓住机会帮助你的队友并协助教练组成员完成日常工作，确保团队的正常运转。不要因为认为没有人会注意到你在做什么就减少自己在场上或场下的努力。

明白"水涨船高"的道理非常重要。换句话说，你付出的越多，你的团队就会收获越多；而团队收获越多，你也会从中得到越多的回报，因为每个人都能因作为获胜团队的一分子而获益。如果你全力以赴，就会获得更多的内在回报（乐趣、意志力和个人满足感）和外在回报（奖杯、球探的青睐以及他人的认可）。

优秀的队友会帮助我们成为自己想要成为的运动员。因此，一定要竭尽所能地挖掘出彼此最好的一面，并在需要的时候互相支持，互相成就。"团队合作是最重要的事情，因为倘若你有一群为彼此而战的队友，你们一起努力，一起拼搏，这胜过任何天赋。"NBA洛杉矶快船队全明星控球后卫克里斯·保罗（Chris Paul）说。

最近，一位颇有实力的网球运动员跟我分享："我注意到

[①] 社会懈怠，亦称"搭便车"、社会逍遥、社会惰化，由心理学家黎格曼发现。

一件事情，水平较高的球员打双打时往往会把注意力集中在自己比赛时的精神状态和心态上。例如，我们会常说：'不用担心刚刚那个击球，我们很棒。放轻松。'而新手球员打双打时总是过于关注他们击球的姿势或方式，但下一次击球不会像上一次一样！"

我们常常可以在冠军队听到像"化学反应""团队精神""同心协力"这样的话。信任是冠军队强大的集体意识的基础。每个人都心往一处想，力往一处使。坚持奋斗，保持乐观，共同努力，从而突破糟糕的开局或连败的局面。永远要想办法帮助你的团队。一个团队有着共同的命运，因此所有的行为必须是为了团队的利益以及更大的好处。

对以下三个关于你在团队中的角色的问题进行反思：

- 我做什么事会伤害我的团队（如抱怨、散布谣言）？
- 哪些事我不做会伤害我的团队（如为队友欢呼、接受自己在团队中的角色）？
- 我将采取哪些具体步骤让自己成为一名更出色的队友（如在每场比赛中积极进攻、在赛场上更加活跃）？

用信念和行动进行领导

团队的力量是领导者的力量。

——文斯·隆巴迪（Vince Lombardi）

帮助他人从优秀到卓越是领导者发挥积极作用的方式。

团队中的每个成员,不只是教练和队长,都可以并且应该成为领导者。每个人都应该在自己的生活中寻找成为领导者的机会,并考虑应该如何做才能对自己的团队产生积极的影响。

在冠军级别的团队中,领导的责任极受重视。当自己所在团队的比分高于对手时,任何团队或运动员都会有必胜的信念,但冠军级别的团队明白,在艰难的时刻才最需要必胜的信念。冠军级别的团队在面临失败或表现不佳时,不会指责或抱怨,而是会抱着"我们会变得更好,我们会找到有效的方法来扭转局面"这样的信念。

前加州大学洛杉矶分校男篮教练约翰·伍登(John Wooden)带领棕熊队参加了10场NCAA[①]篮球锦标赛,创造了连续4个赛季不败和88场比赛连胜的纪录。伍登被美国娱乐体育节目电视网(ESPN)评为20世纪最伟大的教练。他的著作《教导:伍登教练是怎样带队伍的》(*Wooden on Leadership: How to Create a Winning Organization*)内容翔实,在这本书中,他给读者展现了一种强大的、积极的领导方式,并为他自己及其领导下的成员对成功进行了定义:

> 在你能领导别人之前,你必须先能领导自己。将你领导下的成员的成功定义为对团队福利的全身心投入和努力。然后用自己的努力和表现亲身展现出来。你领导

---

① NCAA,美国大学体育协会(National Collegiate Athletic Association)的英文简称,由美国和加拿大上千所大学和学院所参与结盟的一个协会。其主要活动是每年举办的各种体育项目联赛,其中最受关注的是上半年的篮球联赛和下半年的橄榄球联赛。

的大多数人也会这样做。应该鼓励那些不愿意这样做的人去寻找新的团队。

强大的、积极的领导方式至关重要，因为非建设性的批评和欺负行为对激励人们没有多大作用；事实上，它通常会导致人们将自己封闭起来并停止尝试。而积极正确的方式往往会帮助我们在信任和相互尊重的基础上建立关系。你喜欢怎样的领导方式？最有可能的答案是积极且富有成效的领导方式，而不是消极又带有惩罚性质的领导方式。所以一定要以这样的方式对待他人。在沟通中多多鼓励他人，并保持坦率和诚实。

以下是成为冠军领袖的 10 条建议：

- 制定成功的愿景，并满怀热情地追求它。
- 伟大的领导者会主动请他人给予反馈，而不是阻止别人的批评。愿意分享荣耀，也乐于接受批评。
- 对自己的所作所为有强大的信心。在危机时刻也能保持冷静和克制，并给运动员以希望。
- 真正关心别人。关心团队成员，而不仅仅是他们的表现。
- 尊重并欣赏自己以及其他人的角色。
- 要意识到你的影响远远超过你的表现，无论是场上还是场下，都要以身作则。
- 对包括自己在内的每个人在场内外的行为负责。知道何时拍拍团队成员的后背以示鼓励，何时给他们友好而坚定的提醒。
- 学会适应不同的情况，并采取与之相应的领导风格。

- 分担团队所有的牺牲和艰辛,永远不要要求别人去做你不愿意做的事情。
- 做正确的事情,即使正确的事情既不容易做也不受欢迎。

胜利的另一个名字是变化

不断地变化带动生命之轮,
实相以它的各种面目展示。

——佛教偈语

人们往往不喜欢变化,可能公交车司机、尿湿的婴儿或使用自动售货机的人除外。[①] 但说正经的,人们生活中的重大变故或挫折可能意味着生活失序,舒适不再,我们在家庭、团队、组织或社区中所扮演的角色也丧失了。不过,我们可以做一些调整和改变。

在变化面前,我们要灵活变通,这样才能不断前进。僵化的思维好比一条被巨石阻挡的溪流,而灵活的思维则像一条自由流动的溪流。我们不应该因为被阻碍而气馁沮丧,而应该学会在各个障碍物之间穿梭(甚至从中获利),并随着变化不停向前流动。

---

① 或者是公交车司机需要长年在同一条路线上驾驶,尿湿的婴儿会不舒服,用自动售货机买东西毫无惊喜可言,所以他们可能会喜欢变化,此处应该为作者的玩笑话。

运动员遇到的主要变化包括：

- 从选拔赛中淘汰下来
- 向大学新生运动员过渡
- 丧失球队的首发资格
- 突然换教练
- 严重受伤
- 在赛季中期被换到另一支球队
- 退出竞技体育

非运动方面的困难包括：

- 父母离婚
- 家人去世
- 恋爱关系破裂
- 财务困难
- 室友问题
- 远离家乡
- 学术挑战
- 同伴关系的变化

面对逆境，人们常常感到羞愧和内疚，并忘了好好照顾自己。有时他们会通过做事拖拖拉拉、把自己搞得不修边幅甚至酗酒吸毒来把愤怒转向自己，摧残自己。他们也可能跟亲人朋友吵架，在最需要别人关怀的时候把别人赶走。

当你被突如其来的变化所打倒时，马上站起来。冠军应该"在哪里跌倒就在哪里爬起",主动去处理问题,而不是假装自己对此并不失望来逃避问题。请记住,逃避会有惯性。在面对变化时,要积极主动,不要消极怠惰。

做正确的事情可以最大限度地帮你积极调整自我,比如当你情绪低落时,跟身边亲近的人或咨询师倾诉一下。感谢身边的人,并在需要时向他们寻求帮助。此外,当你说谎、伤害别人或自我摧残时,强迫自己恢复正常。

最后,要牢记基本的生活常识,因为这些东西不会变。基本的生活常识包括:

- 坚持定期锻炼或训练计划
- 坚持营养计划
- 保持规律的作息
- 抽时间休息和放松
- 体验你需要的感受
- 与他人共度美好时光
- 寻找机会帮助他人
- 不断更新人生目标,避免做出任何轻率的决定

即使因为重大的生活变故或挫折,如生病、受伤或失败,你没有机会成为生活中某个领域的佼佼者,你依然可以通过挖掘自身才能在生活的其他领域发光出彩。

正如我们在本章中所讨论的那样,要成为冠军,你需要在生活和比赛的所有领域中都发挥出最佳表现,为夺得金牌而战,而不是仅仅绕着赛道跑几英里或在泳池中拼命练几个小时就可以了。要实现冠军这一终极梦想,需要你把追求卓

越当成一种习惯。这一点至关重要。了解了这一点，然后问问自己："在追逐梦想的过程中，我是全力以赴还是敷衍了事？我是只要金牌还是满足于银牌？"

第 2 章

掌握心理技能

你必须像训练自己的身体一样训练自己的心理。

——布鲁斯·詹纳（Bruce Jenner）

本章介绍的以科学为基础的心理技能能够有效帮助运动员形成冠军的思维模式，以充分掌握其全部能力。这些心理技能非常强大，你的任务就是掌握它们，把它们轻松运用到比赛当中，并根据需求和情况的变化加以调整。

"心胜于物"的思维模式不是一夜之间形成的，它遵循着与发展身体技能相同的过程：重复（每天刻意进行心理练习）和强化（通过说类似"我的心理肌肉越来越发达了"这样的话来肯定自己的努力）。要熟练掌握这些心理技能，就要坚持改进计划，并试着每天将精力集中在其中一两项心理技能上，反复练习，从而打下强大而坚实的基础。这些心理技能包括：

- 目标设定：想清楚，然后写下来
- 心理意象：在心中想象如何实现目标
- 自我暗示：喂养心中的好狼
- 提高自信：展示自信的肌肉

- 专注当下：冠军都是当下主义者
- 呼吸控制：为你的表现注入活力
- 心理韧性：建立内在力量账户
- 焦虑管理：从惊慌失措到兴奋不已
- 自得其乐：幽默是最好的良药
- 身体语言：打造金牌印象
- 适度紧张：找到自己的理想状态
- 自我肯定：成为冠军的有力武器

目标设定：想清楚，然后写下来

> 设定一个高远的目标，
> 然后不停地追逐它，直到梦想成真。
> ——博·杰克逊（Bo Jackson）

你短期内的小目标是什么？你主要的长期目标是什么？你体育事业的终极目标是什么？例如，组建大学代表队，获得大学体育奖学金，三小时内跑完马拉松，或是赢取奥运会金牌。设定目标并知道如何实现它，这一点非常重要。然后你可以制订实现这些目标的计划，并努力使其成为现实。要表现出冠军级别的风采，就得知道自己的目标是什么，并始终专注于你的目标。

设定目标有几个潜在的好处。具体来说，目标可以增加你的动力，让你为此更加努力，并强化你拼搏奋斗和想要成功的意识。目标还可以让你对自己的优势和不足有更多的认识。它们能够照亮你前进的道路，让你抵达你想要去的地方。作为一名运动员，无论你的梦想与目标是什么，它都将成为你的指路明灯。然后，你可以怀揣着梦想，把追求卓越当成一种习惯，全力以赴。

速滑选手丹·詹森（Dan Jansen）在1994年利勒哈默尔冬季奥运会1 000米比赛中获得了金牌，并在其精彩的职业生涯中创造了8项世界纪录。他认为设定一个高远的目标非常重要："我不认为会有把目标设得过高这一说。你设定的目标越高，你就会越努力——如果你没有达到目标，没关系，只要目标设定好了，然后让自己百分百投入就可以了。"

你想变得多优秀？你想赢得多少次胜利？关键在于要确定哪些目标对你来说最重要，并将它们写下来，贴在一个你可以经常看到地方（如卧室的墙上），一旦你觉得缺乏动力就可以看看它们。然后采取"一次只实现一个目标"的策略，即集中你全部的精力、努力和热情逐步执行改进计划。

通常，你取得的成果取决于你设定的目标，因此目标设定非常重要。请一定要争取到朋友、队友、教练或导师的帮助，他们是旁观者，可以给予我们客观的评价与善意的鼓励。无论你设定的是下周、本赛季还是整个运动生涯的目标，以下五个问题都可以帮助你对之进行评估：

- 我的目标是否明确具体？
- 我的目标是否可以衡量？
- 我的目标是否积极向上？
- 我的目标是否激励人心？
- 我的目标是否拿得出手？

你可以试着在下一次比赛或即将到来的赛季中使用"三级目标体系"来定位你的表现水平：（1）铜牌目标；（2）银牌目标；（3）金牌目标。其中，铜牌目标象征着你要取得一个从你的过往表现和当前能力综合来看较为理想的结果；银牌目标表示你要实现显著的进步；金牌目标意味着你要获得重大的突破。

这个体系不是将成功狭隘地定义为某个单一目标，而是将其分为三个不同的级别。这种将成功分为三个不同级别的方法的另一个优点就是最高级别的成功没有上限，所以即使你一开始低估了自己，把目标设定得很低，你也不会被它限制住。让我们来看看三个在不同的体育运动中运用"三级目标体系"的创造性范例：

- 平均差点为15的高尔夫球手与自己的挥杆教练一起为即将到来的赛季制订改进计划，将差点指数目标设定为：铜牌目标，15—13.5；银牌目标，13.4—11.5；金牌目标，11.4以下。
- 近期100米赛跑成绩为10.5秒的短跑运动员与他的田径教练认为他在即将举行的比赛中应取得这样的成绩：铜牌目标，10.6—10.5秒；银牌目标，10.49—10.4秒；金牌目标，不高于10.39秒。
- 罚球命中率为80%的篮球运动员在常规的团队训练之后尝试了100次投篮，以期在比赛中能发挥出更佳表现。她预估自己的成绩如下：铜牌目标，75%—80%的命中率；银牌目标，81%—85%的命中率；金牌目标，至少86%的命中率。

老加里·霍尔（Gary Hall）博士为美国游泳代表队连续出征三届奥运会（1968年，1972年，1976年），夺得了3枚奖牌。在其波澜壮阔的职业生涯中，他创造了10项世界纪录。在印第安纳大学，霍尔获得13次十大联盟（Big Ten Conference）冠军和8次NCAA冠军。如今，他在佛罗里达群岛开了一家游泳俱乐部，这是一个适合各个年龄段和各种能力的游泳运动员的世界级培训营地。霍尔与我分享了他关于目标设定的想法：

> 目标设定最重要的两步是：（1）把目标写下来；（2）把目标放在一个你每天都可以看到的地方。通常我会推荐浴室镜子或冰箱门，这两个地方我们经常会看到。在我16岁时，为了备战我的第一届奥运会，我的教练把我所有的目标时间都写在了我每天练习都会用的踢水板上，这样我避无可避。但在执行了计划后，我成功入选奥运代表队。

心理意象：在心中想象如何实现目标

> 先用心看，再用眼睛看，
> 最后才用身体看。
> ——剑术大师柳生宗矩
> （Yagyu Munenori，1571—1646）

心理意象通常被称为可视化，是指利用全部感官帮助学习和开发新的运动技能和策略以及设想成功场景的过程。对最佳表现的想象是通过创建或重建整个或部分体育赛事来实现的。这种类型的心理预演好比学习一项身体技能：你刻意练习得越多，在实际任务中的表现就会越好。因此，心理意象的作用远超白日梦。与身体练习一样，只有系统而严谨的心理练习才能使你充分获益。

许多实验研究已经探索了心理意象对身体表现的影响。1983年，运动心理学领域的杰出研究者德尔斯·德博拉·费尔茨（Drs. Deborah Feltz）和丹尼尔·兰德斯（Daniel Landers）对有关心理练习的文献进行了全面回顾，并证实了使用心理意象有助于提高身体表现。他们的研究结果表明，心理意象是我们提高身体表现最强大的心理武器之一。

虽然心理意象并不能保证你总是可以取得最佳成绩或赢得比赛，但是掌握这项心理技能会提高你在运动上功成名就的可能性。具体而言，心理意象可以通过使目标清晰化并加强肌肉记忆力来努力提高你在接下来的体育赛事中的身体表现。这就是为什么几乎所有奥运选手都将心理意象作为他们训练方案的重要部分。无论选手们的运动技能如何，心理意象都可以用来备战各种运动赛事。

大脑并不总能区分真正的事实体验和生动的意象体验，因为这两种体验在大脑中引起的反应是相同的。例如，我们常常梦到自己被追捕，做梦的人安然无恙地躺在家中的床上，突然被吓醒，呼吸急促，心跳加速。被追捕只发生在脑海中，然而做梦的人却真真切切地体验到了这种被穷追不舍的生理感受。

亨利·"哈普"·戴维斯（Henry "Hap" Davis）博士是

一位神经科学研究员和运动心理学家。在 2008 年的一项研究中，他使用核磁共振成像（MRI）监测优秀运动员观看自己成功或失败的视频后的神经活动以此来研究他们的大脑功能。研究显示，与那些重新体验失败的运动员相比，那些重新体验成功的运动员其右前运动皮层（即大脑中计划行动的区域）中的神经活动更加活跃。

想象如何才能获得最后的成功并在大脑中勾勒出成功后的场景。为想要实现的目标创建一个清晰的心理意象和强烈的身体感觉，具体包括你在整个表现过程中的所见、所听、所闻、所触、所感。心理意象的清晰度和可控性也会随着你的勤加练习而不断提高。

在可视化的时候，尽量以第一人称的视角（通过你自己的眼睛）而非第三人称的视角（通过旁观者的眼睛）来体验那种逼真的效果。我们在心理预演期间的目标是——看到它，感受它，享受它（see it, feel it, and enjoy it–SFE）。通过自己的眼睛让自己体验达成目标的感受，而不是像旁观者一样观察自己。

以下是心理预演成功的三个关键要素：

- 清楚地看到自己成功的场景。
- 深切地感受自己精湛的表现。
- 尽情地享受自己所看到和感受到的胜利。

我曾和一名资深 NFL 弃踢手共事过，他发明了一种针对心理的力量训练的方式。每隔一天，他会通过深呼吸让自己进入放松状态十分钟，然后他就会"看到并感受到"自己在各种各样（最佳、一般、最差）的比赛状况和天气条件下成功地踢出漂亮的悬空球。他用心理意象进行心理预演，提前体验自己表现完美并能熟练处理可能发生的任何困难的美妙感觉。因为他对赛程中的各个体育场馆也非常熟悉，所以他还能想象自己下次在各个体育场馆中比赛的场景。

达夫·吉布森（Duff Gibson），加拿大籍，2006年都灵冬季奥运会俯式冰橇的金牌获得者，向我介绍了他是如何运用心理意象取得最佳表现的：

> 对俯式冰橇这项运动而言，运用心理意象这一技能是取胜的关键。当你在冰上滑行，并且速度比在高速公路上飞驰的汽车还要快时，为了取得胜利也为了自身的安全，你需要每时每刻都全神贯注。俗话说，熟能生巧，对心理意象的运用也是如此。通过不断的练习，最终我能够利用这项技能为在给定赛道上的转弯次序做好准备，并且能够把注意力集中到即将要做的事情上。我还通过心理意象把自己训练得可以在雪橇上悠然自得，这对提高速度至关重要。

掷标枪项目的世界纪录保持者是英国人史蒂夫·巴克利（Steve Backley），他一共夺得了4枚欧洲锦标赛金牌、3枚英联邦运动会金牌、2枚奥运会银牌和1枚奥运会铜牌以及2枚世界锦标赛银牌。我很好奇，对史蒂夫而言，在其非凡的职业生涯中哪一项心理技能对他的表现最有帮助。他说：

> 很难说清哪一项心理技能最有帮助，因为它们各有

各的特点，不同的心理技能适用于不同的阶段。我想其中比较重要的一点就是——知道该做什么以及什么时候去做。鉴于此，我认为运用心理意象这一技能对我最有帮助。为了抢占先机，赢得未来，你需要在脑海中制作一个关于你正在努力实现的目标的高清视频。在为奥运会备战的后期，我不幸受伤了，这给了我非常好的机会去试用这一技能。基本上我就是运用心理意象这一技能来为1996年的奥运会进行所有的后期准备工作的。也就是说，我只是在脑海中进行训练，而没有去实地参加训练。虽然这种准备更琐碎，但最后我取得了有史以来最好的成绩之一，并且比起其他比赛获得的金牌，我更加珍惜这枚银牌。

每周进行2—3次心理预演练习，每次心理预演10—15分钟。选定某一项运动技能以进一步发展，或在不同的场景中想象不同的比赛结局。例如，在目标时间内完成马拉松，在第九局尾声时才被三振出局，或者终场哨声刚好响起时投中赢得比赛的关键一球。

即使是时间较短的心理预演也是有益的。赛程中的任何休息时间、比赛的前一晚都是进行心理预演的好时机，把心理预演作为赛前习惯，特别是击球前的例行准备的一部分。例如，参加锦标赛的高尔夫球手应该在挥动球杆之前在脑海中不断尝试去看、去感受成功的击球是怎样的。

让我们以一次心理实践练习来结束我们的讨论。在一把椅子上坐下来，背部挺直（不要躺在床上或地板上，因为这会让你昏昏欲睡）。轻轻地闭上眼睛，觉察自己的呼吸。做几组缓慢的深呼吸（用鼻子吸气，嘴巴呼气），以此来摈除杂念，放松身体。然后选择某一项运动技能，如篮球的罚球或网球的旋发球。

首先创建一个你所处环境的心理图像，然后逐步把所有你看到的东西和听到的声音加进来。要特别注意你的身体感觉，比如脚踝和膝盖的弹跳力怎么样，你的呼吸是沉重的还是放松的，手中的球拍或球的重量如何，以及旋转或拍打球时球的手感怎么样。

当你开始心理预演击球或发球前的准备动作时——例如，拍三下球，深呼吸，看着你的目标——深吸一口气，然后让这口气慢慢地在你的身体里流动。现在，你可以在运动的每一个瞬间都看到和感受到自己是如何运用这项技能的，并享受其中。在整个活动过程中保持充分的注意力，最后来一记漂亮的空心球或 Ace 球[①]拿下比赛。

挑战一下自己，看看自己能否连续三次全神贯注并卓有成效地完成这项练习。如果在你的想象中自己投篮不中、击球下网或者突然走神的话，请继续重复这个过程，直到你可以在想象中一次性把事情做好。这将进一步确保你的身体可以实现金牌表现。

自我暗示：喂养心中的好狼

> 你在想什么，你的思想处于什么状态，
> 造成了你与他人之间最大的区别。
> ——威利·梅斯（Willie Mays）

[①] Ace 球，网球比赛中直接得分的发球。

切诺基有一个关于两只狼的古老传说。有一位祖父告诉他的孙子:"我们每个人的内心都住着两只狼,一只是好狼,代表着积极有益的事物;另一只是坏狼,代表着消极有害的事物。这两只狼相互争夺对我们的控制权。"孙子十分好奇地问道:"哪只狼会赢呢?"祖父回答说:"你给它喂食的那只狼。"

思想决定感受,感受决定行为。这是颠扑不破的真理。让我们学会更积极地看待自己以及自己的比赛。也就是说,密切关注你对自己的暗示,并且永远喂养那只好狼,不要喂养那只坏狼!这是你能够学到的最重要的人生课程之一。明白喂养哪只狼的选择权在于你自己这一点非常重要,并且能给你很大的动力。

喂养好狼的第一步是学习识别自己的那些负面消极、自我挫败的想法。运动员常见的消极想法包括:"我在这方面做得糟糕透了!""我还不够出色!"或者"我和这个团队格格不入!"我们每个人都会时不时有这样的想法,所以现在就花一些时间来弄清那些在训练或比赛时时常在你脑海中浮现的关于自身运动能力的消极想法。

现在我们开始喂养好狼的第二步,用鼓舞人心的话(比如"现在就开始吧!")挑战这些自我批评的想法(比如"我不适合干这事儿")。在精神上打击自己是件毫无益处的事。我们要取得对自己的思维过程的绝对控制权。不断重复这两个制胜的步骤,你就能锻炼出强壮的心理肌肉,改善心情,提高运动成绩。

当坏狼(或大坏狼!)在比赛期间抬起它那令人讨厌的头颅时,请快点阻止它。自我暗示(即自己对自己说的话)应当是积极的:"我刚刚被罚下场。我很焦虑,并且深陷其中,不能自拔。停下来。深呼吸。按下重置按钮并从脑海中删除这段记忆。好了,现在一切都结束了。我会在下一场比赛中以崭新、自信的神态面对自己。"如果在像篮球和足球这样需要快速反应的运动中没有充足的时间调整自己,那就对自己大喊一声:"专注下一场比赛!"

在最近对 32 项以前出版的运动心理学研究进行的综合分析中,希腊塞萨利大学的安东尼斯·哈兹格鲁吉亚迪斯(Antonis Hatzigeorgiadis)博士及其同事证实,自我暗示可以显著提高运动表现。他们的文章发表在 2011 年 7 月的《心理科学透视》(Perspectives on Psychological Science)上。哈兹格鲁吉亚迪斯说:"思维引导行动。如果我们能够成功地调整自己的想法,这将对我们的行为有所助益。"

此外,研究人员还研究了自我暗示在不同任务中的各种作用。他们发现,对于需要精细运动技能的任务,例如高尔夫球,教学式自我暗示(例如,"最大幅度转肩")比激励性自我暗示(例如,"我是最好的")更有效,而对于拼体力或耐力的任务(例如跑步或骑自行车)来说,激励性自我暗示更加有效。比起做起来得心应手的任务,自我暗示对全新的任务更有价值,而无论是运动新手还是运动老将都能够从这项技能中获益匪浅。

虽然你可能无法消除所有的负面想法,但你有能力挑战这些想法,并用更积极有益的想法取而代之。正如我们将进一步讨论的那样,行动时刻的最终目标是超越意识思维以充分体验自己在当下的表现(即进入心流状态或专注状态)。谋求改善自身思想的质量,并让内心平静下来。要达到冠军级别的表现，一直喂养你心中的那只好狼就可以了！

提高自信：展示自信的肌肉

每次击球都让我更加接近下一次的本垒打。

——贝比·鲁斯（Babe Ruth）

运动心理学研究和获奖运动员的个案报告证实，信心对取得运动上的成功至关重要。具体来说，自信是对自己的技能、准备和能力的坚定信念。约翰·麦肯罗（John McEnroe）是一名传奇网球运动员，据他说，在困境中依然能保持自信，这是一名伟大球员的标志。为了成功，你必须相信自己可以取得成功。

真正的自信来之不易。高尔夫传奇人物杰克·尼克劳斯（Jack Nicklaus）通过充分的准备，尤其是每年4次职业高尔夫巡回赛，来建立自信。在他职业生涯惊心动魄的46场重要赛事中，他一共夺得了18次冠军、19次亚军和9次季军，至今仍位列世界高尔夫三巨头之一。

在一次赢得巡回赛冠军后的采访中，尼克劳斯说："只要我准备好了，我总是希望获得胜利。"回顾以往创造的公认的佳绩并保质保量地做好准备，是赢取竞争信心的两种主要方式。

套用曾经的百米世界纪录保持者、短跑运动员莫里斯·格林（Maurice Greene）说过的话："像亚军（训练你的天赋）一样去训练，但像冠军（相信你的天赋）一样去比赛。"在比赛时，关注自己的技能和优势，从过去的成功中吸取经验，并感谢教练和队友的鼓励，这样你就可以充满信心地去比赛。重视自己的优势和对手的弱点，而非相反。

请记住，找出当前的挑战与你以前表现超出预期的情形之间的相似之处。告诉自己："我以前做到了，现在也可以做到。"然后抛除杂念（如不想要的结果），专注在自己的表现上。

要达到冠军级别的表现，你必须把成功牢牢记在心上，把失败抛诸脑后。每个运动员都会有失败的时候，但冠军不会沉溺于失败。相反，他们会专注于成功的经历并满怀信心地向前迈进。

不管竞争对手如何厉害，阿尔及利亚的中长跑运动员卢内迪内·默塞利（Noureddine Morceli）总是对自己的天赋非常自信。默塞利是1996年亚特兰大奥运会1 500米赛跑的金牌得主，他在耐克的一则广告中说："当我在赛场上奔跑时，我只会好奇谁是第二名，谁是第三名，因为毫无疑问，我会是第一名。"

当运动员或团队败给一个"不堪一击"的对手（显然对手自己并不这样认为）时，自满通常是罪魁祸首。极度自信从来都不是问题，只要你不断学习并有技巧地加以训练，你就能成为最好的运动员，并且始终在比赛中保持不屈不挠的意志：你可以讨厌失败，但不要害怕失败。当你表现出色并赢得胜利时，自信而不自满会帮助你专注在目标上。

以下几个自我反思问题都是基于斯坦福大学心理学家阿尔伯特·班杜拉（Albert Bandura）博士在20世纪70年代中期提出的自我效能（某种信仰力量）这一开创性理论。这些问题旨在在你回顾过往的成绩和积极的反馈、模仿你的运动英雄以及倾听别人对你能力的评价时，提高你的自信。

- 你迄今为止在运动中克服的最大挑战是什么？你是如何克服它的？例如，从严重的伤病中恢复过来，从失败的低谷中逃脱出来，或者完成第一次马拉松或三项全能运动。
- 说一说你迄今为止最佳的运动表现。花几分钟时间回顾一下你在这次表现中的荣耀与神奇时刻。帮助你达到顶峰的是什么？在比赛中你有什么想法和感受？
- 作为一名运动员，你的三个显著优势或特质是什么？回答这个问题时，既要坦诚，又不要过分谦虚。例如，职业道德、心理韧性和专注力。
- 能让你觉得自己真的很棒的他人的称赞有哪些？请列举出三种，例如，教练认为你是团队中最努力的成员，对手说你是他们最强的对手，或者队友把你称作赛场上的勇士。
- 在你的生命中，看到你克服眼前的挑战或实现最大的目标而不会感到惊讶的人是谁？例如，你的母亲、父亲、兄弟姐妹、祖父母、教练、队友或朋友。
- 列举出你获得过的三个奖项或成就。例如，个人或团体奖杯、运动奖学金或个人最佳表现奖。
- 找出三个（当前的或孩提时代的）运动英雄或榜样，当你在充满挑战的情况下需要提高自信时，你可以模仿他们或以他们为榜样。也许你最喜欢的球员在比赛中表现出了巨大的决心，从而战胜了赛场上的困难。

记住，你在别人身上看到的优点或多或少隐藏在你自己身上。

专注当下：冠军都是当下主义者

> 专注当下，珍惜眼前。
> ——丹·米尔曼（Dan Millman）

专注或选择性注意，就是排除其他一切，全力完成手头上的任务。在体育运动中，专注要求我们屏蔽掉无用的信息（烟幕弹），把注意力集中在目标上，如射箭运动中的靶心或高尔夫球场上的旗帜。锁定当前目标，忽略干扰，获取胜利。

迈克尔·菲尔普斯是历史上获奖最多的奥运选手，共获得22枚奖牌（包括18枚金牌！），每当他进入游泳池时就会戴上一副耳机，然后完全沉浸在自己的小世界里。对他来说唯一重要的事情就是游出自己的最佳水平。在游泳这项运动上，菲尔普斯拥有前所未有的专注力和驱动力。他在其《成功无极限：菲尔普斯自传》（*No Limits: The Will to Succeed*）一书中讨论了专注的重要性：

> 当我专心致志做一件事时，没有任何人、事、物能够阻止我。任何。如果我非常想要某样东西，我觉得我会得到。

假设一个运动员每一刻的专注价值 100 美元，他或她可以以任何方式把它花掉。在比赛过程中，一次内部或外部的分心浪费 1 美元，因为你没有让自己的能力发挥出全部价值。比赛时你的专注点在哪里？你是心不在焉还是紧锁目标？

有效地分配你所有的注意力，不要为任何潜在干扰分心，专注在比赛过程中。例如，足球守门员在比赛时应该时时刻刻全神贯注盯紧球的动向，而不是为刚才让对方踢进一个球而耿耿于怀，或者时不时扫一眼看台或对方的替补席猜测他们的反应。

专注让干扰走投无路。干扰有两种形式：外部干扰和内部干扰。

常见的外部干扰

- 人群噪音
- 闪光灯
- 广播
- 记分牌
- 光影
- 对手在场上说脏话
- 恶劣天气（热/冷，风/雨）

常见的内部干扰

- 饥饿
- 口渴
- 疲劳
- 疼痛

- 破坏性想法
- 消极情绪
- 厌烦

一个必须接受的重要认识就是，只有当你认为某件事情会使你分心时，它才会成为干扰。转移目光。忽略噪音（包括来自内心大坏狼的声音）。专注于自己的呼吸和身体。请注意，球拍不要握得太紧。总而言之，请相信自己的五官，"感受现在"，专注当下。也就是说，永远努力成为一个当下主义者。

不要想得太复杂，只关注当下发生的事情，这样才能赢得胜利或在运动中发挥出最佳水平。在赛场上，时刻保持全神贯注。想太多过去和未来只会让你内心迷雾重重，只有专注当下——此时此地——才能让你内心一片澄明。

专注当下能够赋予你敏锐、好奇心和技巧，让你得以应对可能出现的任何困难。瞄准目标，然后尽力而为，其他一切都无关紧要。倘若你明确地把关注点放在当前的任务上，那么你就可以尽情地释放自己，充分地享受这种体验。

全心全意会给你带来无缝融合的体验——你和你的表现将融为一体。否则，你总是比你正在做的事情慢一拍，因为你要忙着对正在发生的事情进行判断，无法完全专注当下。专注当下是非自觉的，那一刻你不会去关心对手或观众在想什么或做什么。

克里斯·夏尔马（Chris Sharma）——世界上最出色的攀岩运动员之一——曾说过，当他在一些艰难的路线上攀登时，就会变得非常专注，以至于完全沉浸其中不能自拔。他把全部的精力都直接投入到攀登的每一个瞬间。无论我们做什么都可以采取他这样的方式，突破自己，全身心投入到自己的表现中去。

当你决定专注在当下的挑战时，你会不断走神或开小差。当你发现你的思绪已经回到过去或飞向未来时，请不断提醒自己："不要走神！"或大声对自己说："专注当下！"不应该让杂念占据你太多时间。

你可以通过提高自我意识和心理约束力来训练自己专注当下的能力。当下才是永恒的，过去和未来只存在于你的想象中。

呼吸控制：为你的表现注入活力

你的呼吸决定了你是处于最佳状态还是不利状态。

——卡罗拉·斯比德斯（Carola Speads）

《呼吸练习》的作者和呼吸练习老师

为了做到冠军级别的表现，请有节奏地进行深呼吸，这样才能使你的精力保持在最佳水平。吸气时腹部鼓起，双肩自然下垂，下巴放松。来，试一下，按照这种方法深吸一口气。然后缓缓将气体呼出来，呼气时腹部收缩。请注意，呼吸时一定要保持专注。

当你感到愤怒或焦虑时，呼吸就会变浅。这时，氧气摄入量减少，肌肉紧张度增加。因此身处困境时一定要深呼吸。无论吸气时间长短如何，只要延长呼气时间，都能达到放松的效果。正确的呼吸方法有助于排解心中的压力和紧张，并将你带回当下。

许多顶级教练和优秀运动员通过练习深呼吸来进行心理训练。例如，菲尔·杰克逊（Phil Jackson），曾作为球员跟随纽约尼克斯队赢得 2 个 NBA 总冠军，作为主教练为芝加哥公牛队和洛杉矶湖人队赢得 11 个 NBA 总冠军，创下纪录。做教练时，他多次向球员们强调了专注的深呼吸的重要性，尤其是在比赛之前和中场休息时。

每天检查你的呼吸。你采用的是腹式呼吸还是胸式呼吸？你的呼吸是深还是浅？以下是专注的深呼吸的三个简单的步骤：

- 鼻子吸气，然后数到 5。
- 屏住呼吸，坚持 2 秒钟。
- 嘴巴呼气，一直数到 8。

吸气时，在心中数到 5；然后屏住呼吸，数到 2；接着呼气，数到 8。一组深呼吸需要 15 秒钟，你可以重复 4 次（也就是 1 分钟），也可以根据需要多练习几次。一旦你觉察到自己正在变紧张、感觉不舒服或陷入消极思维的怪圈时，就做一做这个练习。这个呼吸法会在很短的时间内帮助你减缓心率，让你的思绪平静下来，从而找到内心的宁静。

学习如何安静地坐着，除了呼吸，什么都不做。倾听自己的呼吸，对那些容易分心或觉得需要做些什么的人来说，非常有帮助，因为倾听自己的呼吸让他们觉得自己更有活力。

无谓的胡思乱想会使你的注意力很难集中起来。当你的头脑变得更加安静和清醒时，它也会更加强大。所以，每一天都要专注地深呼吸。此外，当你不为未来而忧心时，恐惧也就无从存在了。而恐惧是有效行动的敌人！

心理韧性：建立内在力量账户

> 球员必须具备的最重要的素质是心理韧性。
> ——米娅·哈姆

心理韧性并不意味着你一定要时时刻刻都思虑周全，全神贯注，咬紧牙关，不屈不挠地迎难而上。心理韧性是在最不利的情况下仍然保持积极主动的能力。

心理韧性建立在一遍又一遍地去做艰难之事的基础上，特别是那些你不愿意做的事情。当你觉得自己没有处于最佳状态的时候，那就勇敢地穿过迷雾，走出人生的低谷。冠军的字典里不应该有"分心""不安""困难"这样的字眼。

这种坚定不移的决心需要你在麻烦缠身、严重不适、缺乏安全感的情况下依然保持前进的脚步，最终抵达自己的终极目标。倘若你真的非常想要某样东西，在得到它之前请不要放弃。

心理韧性可以在某个特定时刻或长时间内得到体现，如在你整个职业生涯的成功中。一遍又一遍地做着不容易做的事情就像是在往你的内在力量账户里存钱。

长跑运动员埃米尔·扎托佩克（Emil Zátopek）是在训

练中利用心理韧性获取胜利的运动员的典范。他在1952年赫尔辛基奥运会上夺得了3枚金牌，其中包括1枚马拉松金牌，尽管这是他第一次参加马拉松比赛。扎托佩克在其运动生涯中一共获得了5枚奥运会奖牌（4枚金牌和1枚银牌）。

被誉为"人类火车头"的扎托佩克曾说："如果一个人能够数十年如一日地坚持训练，那么意志力就不再是一个问题。下雨，这不重要；累了，也没有关系。训练就是我必须要做的事情。"

当扎托佩克在赛道上汗流浃背地奔跑时，比利·米尔斯（Billy Mills）正在南达科他州松岭的贫民区中生活。他12岁就成了孤儿，然后在喝酒成风的印第安保留地长大。为了有一个好的出路，他开始转向田径运动，后来专注跑步。

米尔斯为美国奥运田径队赢得了1964年东京奥运会10 000米长跑冠军，不过起初他表现一般——他在预选赛中完成比赛的时间比最有希望夺冠的选手慢了整整1分钟。

然而，顽强的米尔斯克服了缺乏国际经验的问题，并无惧于最有希望获胜的罗恩·克拉克（Ron Clarke）在最后一圈不怀好意的推撞以及对方在最后一个弯道的压制，战胜了重重艰难险阻，并在最后冲刺的瞬间爆发，打破纪录并夺得了金牌。

2007年，在绿湾包装工队和西雅图海鹰队之间的NFL分区季后赛的比赛中，绿湾包装工队的跑卫瑞恩·格兰特（Ryan Grant）在开场4分钟内就失误2次，致使他的球队以0∶14的比分大幅落后于对手。他告诉自己："事情已经发生了，尽管糟糕透了，但我还是要继续加油。"

一个冠军知道，想法会影响感觉，而感觉会影响表现。

格兰特并没有缩回自己的壳里，而是给自己加油鼓劲，不仅拿球推进了201码，而且传出3个达阵，帮助他的球队以42∶20的比分逆转大胜西雅图海鹰队，给人留下深刻的印象。由于他能够忘记失败，因此可以做到继续比赛。

我们最好承认并接受已经发生的一切，然后放下这一切，并满怀信心地专注前方。格兰特必须在比赛中保持冷静的头脑，因为接下来还有许多球要踢。永远记住，无论是在训练中还是在比赛中，都需要你不屈不挠地迎难而上。

焦虑管理：从惊慌失措到兴奋不已

> 忐忑不安没关系，只是不要方寸大乱。
> ——运动心理学格言

大多数运动员在比赛前和比赛中都会感到焦虑。他们认为表现焦虑[①]是完全正常的反应，而且可以让他们的注意力更集中。这种焦虑或兴奋是他们关心比赛表现和结果的证明。当然，太过焦虑不仅会引起不适，还会干扰表现。

适度的焦虑或兴奋是达到最佳表现所必需的。在体育运动中，恐慌通常是表现焦虑的一种极端形式。因此，恐慌反应是一种夸张的身心反应，是可以被缓解或重新定向的一场虚惊。我们对恐慌的本能反应，例如逃离、孤立自己、难以放松或者在精神上打击自己，总是让我们表现更糟。

[①] 表现焦虑，精神医学名词，指与执行某项任务有关的焦虑。

如果你的表现焦虑很严重的话，可能会出现一系列症状。这些症状就像多米诺骨牌，一旦被触发，就会引发连锁反应。你的当务之急就是尽早阻止这些反应。如果你愿意承认，你会发现你真正害怕的是在赛场上表现不好时的狼狈不堪以及由此导致的焦虑和恐慌的后果。

恐慌最终总会促使焦虑渐渐消退。如果说在运动中，"披着羊皮的狼"这种陈词滥调说的是那种假装自己无能的阴险运动员；那么请记住，恐慌就是"披着狼皮的羊"，看似可怕——从你的头脑逐渐蔓延到全身，其实无害——它只是人们恐惧可怕结果的表现，并不会让人发疯。

以下几种策略可以帮助你克服表现焦虑，充分享受运动，并且以最佳的状态进行比赛。这些策略并非旨在消除紧张的感受，而是引导你追寻积极的结果。

做好充分的准备。参加比赛的准备工作做得越充足，你的恐惧就越少。没有什么比知道自己已经准备好迎接即将到来的挑战更有助于建立信心。充分的准备包括积极了解教练的反馈、研究战术图解集或比赛视频，以及认真训练。倘若没有这些准备，你更容易出现表现焦虑。在比赛开始之前，不断提醒自己，你已经踏踏实实做好了全部的准备，没什么可怕的了。

明白紧张是正常的。焦虑是人之常情，所以不要操心其他运动员可能在想什么或者他们的表现如何。我们不要去想其他人是会被焦虑所压倒还是会克服焦虑。无论你的对手看起来多么冷静，他们都很有可能正跟你一样焦虑——或比你更加焦虑。

与焦虑结盟。不要试图摆脱焦虑；相反，要告诉自己试着去利用焦虑并将其转化成为出色的表现。告诉自己:"我的身体已经为这次比赛做好了准备。""以前我做得很好,现在我也可以一样做得很好。"

均匀地深呼吸。做几次深呼吸来缓解你的紧张情绪。正确的呼吸方法可以摈除脑海里的杂念,缓解身体紧张,从而减轻焦虑。无论吸气的时间多久,只要延长呼气时间,都能达到放松的效果;因此,可以通过加深吸气并充分呼气来调节每一次的呼吸。

发挥创造力和想象力。例如,将焦虑感想象成烟火或爆竹这类物品,然后把它放在一个虚构的安全场所或容器中,以保护你不受它的伤害。你要明白你比焦虑感更强大。

专注于此时此地。密切关注那些有关输赢成败的消极预测和负面想法。当你专注于尽自己最大的能力来完成每一场比赛时,不到最后一刻,你永远不知道结果怎么样。

保持积极的心态。当你情绪低落时,停止消极的自我暗示,开始积极的自我暗示。试着对自己讲道理(喂养那只好狼),而不是让你的恐惧四处撒野(喂养那只坏狼)。提醒自己:"即使我现在感到焦虑和不舒服,我仍然能够做得很好,并且实现自己的目标。"

轻松地对待自己。比赛是测试你的体能、挑战竞争对手以及展示你的努力成果的一次机会。你不是你的比赛。认真地对待你所做的事情,但要学会轻松地对待自己。永远记住,运动只是你所做的事情,不是你自己。笑一笑,让自己放松下来,然后问问自己:"真正可能发生的最糟糕的事情是什么?"如果最糟糕的事情发生了,再问问自己:"我能做些什么来应对这件事情?"

当你感到焦虑时，不要被它打倒，也不要向后退缩，而要朝前迈进，运用上述策略将焦虑转化为下一步的行动。请记住，FEAR 的意思是：Face Everything and Respond（面对一切并做出反应）。要做出冠军级别的表现，就要允许自己忐忑不安，只要不方寸大乱就行！

自得其乐：幽默是最好的良药

> 每一个救生包都应该有一剂幽默感。
> ——佚名

想象一下以下的情景：你是一名橄榄球的四分卫，你所在的球队在超级碗①比赛中以 13∶16 的比分落后于对手。此时球位于 8 码线上，距离比赛结束仅剩 3 分 10 秒。在与队友碰头商讨战术时你会跟他们说些什么？这就是乔·蒙塔纳（Joe Montana）和他的旧金山 49 人队在第二十三届超级碗中与辛辛那提猛虎队对阵时所面临的情况。他决定活跃一下紧张的气氛，于是指着看台上的观众说："嘿，那不是约翰·坎迪（John Candy，加拿大籍喜剧演员）吗？"

在接下来的比赛中，49 人队继续为赢取达阵得分沉着挺进，达阵得分后比赛还剩 34 秒。正是这次反败为胜的表现为蒙塔纳赢得了"超级乔"的美称。

另一个经典故事来自职业网球，它再次证明幽默在运动

---

① 超级碗，美国橄榄球超级杯大赛。——译者注

中的必要性。维塔斯·格鲁莱提斯（Vitas Gerulaitis）是20世纪70年代末80年代初的顶级男子网球运动员之一，1978年他在全球排名第三。尽管格鲁莱提斯实力超群，但他却被吉米·康纳斯（Jimmy Connors）连续打败16次，这口气让他难以下咽。1980年，格鲁莱提斯终于有所突破并击败了康纳斯，随后他宣称："让这一切成为你们的教训。没有人能够连续17次击败维塔斯·格鲁莱提斯！"很明显，尽管连续多次败给康纳斯，但格鲁莱提斯仍然能够保持自信并对此一笑置之。

施特菲·格拉夫（Steffi Graf）被誉为历史上最伟大的女子网球运动员之一。在1996年温布尔登网球锦标赛半决赛中对阵日本选手伊达公子（Kimiko Date）时，有一幕令她终生难忘。

当比赛进入高潮阶段，她准备发球时，一名观众大声喊道："施特菲，你愿意嫁给我吗？"随后，体育场的球迷们爆发出一阵哄笑声，她笑了起来，大声回应道："你有多少钱？"

虽然她的性情一贯隐忍，但对球场上这次滑稽的求婚她做出了幽默的回应，这有助于她放松心情，缓解紧张情绪。紧接着格拉夫赢得了这场比赛，然后又击败阿兰查·桑切斯·维卡里奥（Arantxa Sánchez Vicario），夺得冠军。

"幽默是最好的良药""开怀大笑相当于体内慢跑"这些流行语不无道理。良好的幽默感对实现最佳表现能够起到非常重要的作用，对健康和幸福亦是如此。幽默在体育运动中经常被误解为是注意力不集中或不关心自己的表现的一种迹象。不过，在艰难的处境下寻找幽默往往是减少不必要的压力和提高动力的最佳方式。

在合适的时间增添一点幽默可以缓解紧张的气氛。这可能就是军人、警察和消防员都非常有幽默感的原因。美国历史上最功勋卓著的海军陆战队中将切斯提·普勒（Chesty Puller）[1]曾告诉他的士兵："我们被包围了。这下子问题就简单了！"开怀大笑可以减轻压力、提高成绩以及改善情绪。

教练可以定期结合一些有趣的练习游戏或活动来放松队员的心情，缓解紧张的情绪。例如，游泳教练可以让队员们在训练快结束的时候来一场水球比赛，从而给他们带来惊喜。棒球队可以打一场踢球比赛，而足球队可以聚在一起玩一玩威浮球。掷橄榄球或扔飞盘也趣味无穷。

在2013年的美国大学篮球赛季期间，上届全国冠军肯塔基大学野猫队在遭受了最佳球员由于韧带撕裂无法继续参赛以及随后在田纳西30分的严重失利之后，教练约翰·卡利帕里（John Calipari）组织了一场工作人员与球员之间的躲避球比赛。大家都玩得非常开心，暂时忘了篮球。第二天晚上，野猫队打败了范德比尔特大学，重新回到了他们的胜利之路。

在棒球比赛开始之前，裁判一般会说什么？"玩球（Play ball）！"而不是"操弄球（Work ball）！"这背后有一个简单直接的原因：运动是用来玩和享受的，我们要尽可能地使之变得有趣。毫无疑问，只要故事和玩笑不刻薄卑劣，一起

---

[1] 切斯提·普勒（Chesty Puller），刘易斯·伯韦尔·普勒（Lewis Burwell Puller）的昵称，"Chesty"为"骄傲的"之意，但因"chesty"还有"胸部大的、胸部丰满"之意，刘易斯·伯韦尔·普勒又被称为"大胸脯"普勒。

分享欢声笑语可以在队友之间形成暂时或持久的纽带。

以下是一些实用的策略，可以增强你的幽默感，并让你在运动中获得更多的乐趣：

- 拥有能与你分享笑话和有趣故事的队友。
- 观看喜剧电影、情景喜剧类电视剧和脱口秀。
- 阅读漫画和笑话书，或浏览讽刺性网站（如洋葱网"the Onion"）。
- 使用道具，如用你存放在储物柜中的迷你玩具马桶把糟糕的表现冲走。

总而言之，你的体验越愉快，你的表现就会越出色。斯基普·伯特曼（Skip Bertman）在1984年至2001年期间执教路易斯安那州立大学老虎队，其间领导球队夺得了5个NCAA冠军。他说："不要让竞争的压力大过竞争的乐趣，这一点至关重要。"为了向前迈进，请找出与比赛相关且让你喜爱的事物以及你享受比赛的理由。

身体语言：打造金牌印象

> 勇士不会在战斗中垂头丧气。
>
> ——佚名

身体语言是由姿势、手势、面部表情和眼部活动组成的非语言交流。身体语言的沟通是一个双向过程：你自身的身体语言向别人展示了你的想法和感受；而别人的身体语言则向你展示了他们的想法和感受。在观看体育赛事时，运动员和教练的身体语言很容易被我们识破，这些身体语言通常代表了那一刻谁赢了谁又输了。在比赛时，你的身体语言在说什么？你想投射的是什么？

在排名第一的对手面前，你是否感到胆怯？如果答案是"是"，那么你是否需要花少许时间来练习一些简单的动作，从而让自己的准备更加充足？根据心理学家黛娜·卡尼（Dana Carney）、艾米·库迪（Amy Cuddy）和安迪·叶（Andy Yap）最近的研究表明，仅仅让身体保持开放、舒展（与闭合、收缩相对）的姿势几分钟就可以明显提高睾酮水平，降低皮质醇并增强权力感和风险承受能力。因此，高能姿势能够产生强有力的反应。由此来看，看起来像赢家会帮助你像赢家那样发挥。

身体语言可以是积极的也可以是消极的：

积极/乐观的身体语言
- 微笑
- 下巴抬起
- 挺胸
- 站直
- 步履稳健

消极/悲观的身体语言
- 皱眉
- 摇头

- 目光低垂
- 含胸驼背
- 走路拖拉

在训练和比赛期间保持那些胸有成竹的运动员的姿势。无论得分怎样或输赢如何，这么做都将帮你保持一种赢家的心态。当你在训练或比赛中精疲力尽时，就站直，大步走。即使你的对手从无败绩，你也可以神气十足地在他们面前昂首阔步。

在错失进球机会或场上犯错误之后，你是否容易做出一副愁眉苦脸的表情或表现出消极的身体语言？要做出冠军级别的表现（并成为一名优秀的队友），就要保持积极的举止和态度，而不是噘嘴绷脸或闷闷不乐。此时，你的身体语言会告诉对手：无论发生什么事情，你都不会被打倒或狼狈不堪。

只是笑一笑，你就会感觉更好。想象一下，有一天，你的情绪很低落——可能是因为事情的进展并没有如预期的那么顺利。但是你没有时间去探究自己的感受了，因为你必须开始在精神上为当晚的比赛做好准备。怎样才能迅速地让心情好转呢？也许你听过这样一种说法："只是笑一笑，你就会感觉更好。""笑一笑"真的能让你感觉更好吗？

心理学家弗里茨·斯特劳克（Fritz Strack）和他的同事们在1988年进行的一项研究发现，即使用牙齿轻轻咬住一支笔做出一个笑脸也几乎能立即让人们对自己所做之事感到更加快乐。因此，当你需要快速提升情绪时，想一想这一研究发现。不要让沮丧的情绪轻易拖垮你的表现。相反，请让你的脸上绽放出自信的笑容!

永远拿出自己最好（BEST）的一面。"BEST"是心理学家约翰·克拉比（John Clabby）为了便于大家记忆将"Body Language（身体语言）、Eye Contact（眼神交流）、Speech（言辞）和 Tone of Voice（语调）"四个单词的首字母组合而成的缩略词。争取永远拿出自己最好（BEST）的一面：身体语言要强健有力而不萎靡瑟缩，眼神交流要专注坚定而不游移不定，言辞要积极果断而不消极被动，语调要自信坚决而不绵柔无力。努力磨炼自己在这四个方面的沟通技能。只有在训练时多多磨炼，才能在比赛中运用自如。

穿得精神点。最后，不要忽略你的外表。自豪地穿上你的运动队服。迪昂·桑德斯（Deion Sanders）在橄榄球和棒球两种运动中都很出色。在其14年的NFL职业生涯中，桑德斯常年入选明星碗与全明星队，他还与旧金山49人队和达拉斯牛仔队一起赢过超级碗。在1989赛季中，他为亚特兰大猎鹰队赢得1次达阵，并在同一星期为纽约洋基队打出本垒打。他说："如果你看起来不错，你就会感觉不错。而如果你感觉不错，球就会打得好。而球一打得好，他们付钱就会很爽快。"

总之，所有的运动和比赛要取得成功，机会、训练、技能和竞争力缺一不可。虽然这些因素并非都能在你的掌控之中，但我们可以通过强大的精神状态来提升每一次的表现。提高自己在训练和比赛中的心理素质的方法包括：永远拿出自己最好的一面，重视自己的外表，在困境中依然面带笑容，这些都可以帮助你超越自己认为的身体局限。

适度紧张：找到自己的理想状态

> 不要过于紧张，而是要适度的紧张。
>
> ——佚名

当运动员进入心流状态或专注状态时，他们会一边保持适度的紧张，一边时刻留意当下，这有助于他们取得最佳成绩。表现水平和精神紧张水平直接相关，当你过于松懈（如感到疲惫不堪或索然无味）或过于紧张（如觉得紧张不安或过度亢奋）时，你的表现可能都会受到影响。例如，如果在与排不上名次的对手展开竞争时过于松懈，你可能会在比赛中马虎大意；如果在与顶级选手进行对抗时过于紧张，你可能会在比赛中手忙脚乱。

由于运动种类不同，每个运动员让自己进入专注状态并实现最佳表现所需的精神紧张水平不同。例如，高尔夫球是一种需要运动员沉着冷静、泰然自若并且心无旁骛的运动，而橄榄球则是一种让人激情四溢、心潮澎湃和兴高采烈的运动。因此，一名高尔夫球手可能需要提高自己的精神紧张水平才可以把球击至远处，而橄榄球四分卫则可能需要为了精准传球而降低他的精神紧张水平。

为了找到适合自己的精神紧张水平，以便在最佳状态下发挥出自己最佳水平，你必须学会在不同情况下不断调整自己。举例来说，一名滑雪射击运动员必须既能够加速越野滑雪，又能够减速提枪射击。以下策略可以帮你根据不同情况的需求调整自己的精神紧张水平。

提高精神紧张水平的策略。想象一下，你需要提高精神紧张水平来完成在健身房里的最后一组仰卧推举。以下是一些提高精神紧张水平的策略。

- 进行3—5次强有力的呼吸。
- 在脑海中想象代表强大的事物，如战舰、凶猛的动物或喷发的火山，或者在推举之前想象自己推举成功的画面。
- 做一些像挥拳或拍手这样有力量的动作。
- 反复给自己打气，如："是的，我可以！"或"让我来开始一场一流的比赛！"
- 回想你最喜欢的快节奏歌曲。

降低精神紧张水平的策略。也许你需要在整个曲棍球比赛期间或者棒球或垒球比赛各回合中降低你的精神紧张水平。以下是可以降低精神紧张水平的几种方法。

- 进行3—5次从容平静的呼吸。
- 想象一个宁静的场景，如凉爽的高山湖泊。
- 缓缓舒展你的关节。
- 在心里告诫自己"摈除杂念，放松身体"，让自己平静下来。
- 回想你最喜欢的节奏舒缓的歌曲。

大多数运动员对训练不够紧张（"这没有问题"），但是对比赛又过于紧张（"比赛就是一切！"）。下一次训练或比赛时，问问自己："我是太松懈了、太紧张了还是紧张得恰到好处?"然后根据具体情况进行相应的调整,以达到能够发挥出自己最佳表现的理想状态。

自我肯定:成为冠军的有力武器

> 不断地自我肯定就会形成信念。
> 一旦信念变成深深的执念,事情将如你所愿。
> ——穆罕默德·阿里

要想实现最佳表现,态度是关键。不断用积极肯定的话语点燃你内心的冠军梦想。每一句话都要意义深刻,这样才会行之有效。然后把这些话写在卡片上,在有需要的时候拿出来读一读,让自己精神焕发。你越是不断重复这些自我肯定的话,它们就会在你的脑海里变得越具体,也越能让你的生活发生改变。

"如同一个脚印在地上踏不出一条路,单一想法也不会在脑中形成一条思路。要在地上留下一条深路,我们就要来回走。要在脑中留下深痕,我们必须反复思考将用于支配我们生活的想法。"作家兼哲学家亨利·戴维·梭罗(Henry David Thoreau)写道。

亚利桑那州立大学的安东尼·罗布斯(Anthony Robles)在2010—2011赛季NCAA一级联赛中赢得了125磅[①]级别个人摔跤冠军。尽管出生时只有一条腿,但他从不去想自己

[①] 1磅≈0.45千克。

的运动梦想可能会受阻。他在 2011 年获得了 ESPY[①] 年度吉米 V 毅力奖。在获奖感言中,罗布斯背诵了他写的一首名为"不可阻挡"(Unstoppable)的诗。在这首诗的结尾部分,他对自己的无畏和毅力给予了高度肯定。

记住,对自我的肯定要是当下的。比如,要说"我是……",不要说"我将成为……"。为什么呢?因为我们总是活在当下,而不是未来。我们的潜意识无法识别未来,它只能理解当下。以下是一些自我肯定的话,不断重复有助于你做出冠军级别的表现:

- 像冠军那样思考、感受和表现。
- 下一场比赛将是我最好的比赛。
- 带着目标和激情参加比赛。
- 迅速忘记错误,因为任何运动员都会犯错。
- 有勇气面对并克服恐惧。
- 我是准备得最充分的运动员。
- 赴汤蹈火实现目标。
- 竭尽所能做到最好。
- 放马过来吧,没什么可怕的。
- 始于强,终于更强。

要做出冠军级别的表现,你必须拥有并且需要培养冠军

[①] ESPY,是指 ESPY 大奖,全称是 Excellence in Sports Performance Yearly,由美国 ESPN 电视台于 1993 年创办,每年举行一次,由浏览 ESPN 网站的体育迷们通过互联网投票选出各个奖项的最终得主,奖励过去一年中在体育赛场上表现最佳的运动员。

的思维模式。这一章旨在增加你对比赛的心理层面的了解。现在，你可以运用心理意象、提高自信、专注当下等心理技能来培养冠军的思维模式，从而让自己的个人表现越来越精彩。认真完成上述练习并遵照所提供的建议，你将拥有强大的心理素质，从而在场上和场下做出更好的表现。

第 3 章

为赢而战

无论是训练还是真正的比赛,我打球就是要获胜。我不允许任何事情阻挡我的求胜之路,妨碍我赢球的竞争激情。

——迈克尔·乔丹(Michael Jordan)

一些运动员比赛是为了要赢，而另一些运动员则为了不输。一些运动员比赛是为了创造佳绩，而另一些运动员比赛是为了不犯错误。要想表现出冠军级别的水准，你应该始终努力做到怀积极之心，行积极之事，为赢而战。此外，比起不断地寻求掩护，追求某些有价值的东西更有乐趣。

永远抱着要赢的心态去打球，去赢得进球、比赛、首发资格、奖学金、赞助或个人最佳成绩。如果你比赛是为了不输，那么你就会让自己陷入一种无望取胜的局面；你不仅会变得一无所有，而且还会一无所获。如果你比赛是为了要赢，那么你就会无往而不利；即使没有克服眼前的挑战，那也只能说明你没有实现今天的目标而已。以下是"不输就行"和"一定要赢"两种心态之间的区别：

- 不输就行源于恐惧。一定要赢则基于自信。
- 不输就行会使你有所忌惮地退为守势。一定要赢则激励你毫无顾忌地发起攻势。

- 不输就行会妨碍你的所有能力,影响你的正常发挥。一定要赢则可以让你随心所欲地尽情发挥。
- 不输就行会导致你紧张失误。一定要赢则可以让你轻松实现最佳表现。
- 不输就行仅仅是为了存活下来。一定要赢则可以让你事业腾飞。
- 不输就行会让你压力重重。一定要赢则会带来许多激动人心的特殊时刻。

打败对胜利的恐惧和对失败的恐惧。美国足球明星艾比·瓦姆巴克(Abby Wambach)是两枚奥运会金牌得主。她说:"在人生中,我们无法万事皆胜。为了获得荣耀,你必须愿意失败甚至一败涂地。"这种心甘情愿要求你失败时少在乎别人会怎么想,只需聪明地冒险并专心地比赛即可。

当你沿着体育事业的道路前进时,你会发现你的心中有两个激烈反对你奋力拼搏的小人儿:对胜利的恐惧和对失败的恐惧。只有打败这两个反对者,才能实现你的最高愿望。这两个内心的反对者哪一个更能威胁你的比赛呢?要打败他们,你必须学会直面恐惧,勇往直前。要敢于成为你的金牌自我。

允许自己理直气壮地大获全胜。一些运动员害怕大比分打败对手或在大型比赛中胜出。他们可能会觉得自己不配获得这些奖项或者想要躲避媒体和公众的关注。但请想一想:为什么不能是你呢?为什么不能是现在呢?作为一名有天赋的运动员,你需要培养一种"应得感"。如果你因为勤奋努力、技巧高超收获了积极的成果,这是你应得的回报,你应该为你所取得的成就而感到自豪。不要让自己局限于小目标,也不要低估自己迈向更高台阶的能力。为了摘取荣耀的桂冠,高歌猛进吧!

允许自己跌倒。一些运动员害怕在重大比赛中失败。他们可能担心别人会因此瞧不起他们,又或者他们只是不想让自己失望。作为一个有能力的运动员,你能做的就是正确地进行训练,然后在比赛中拿出自己最好的表现。别人怎么看待你只是他们的想法而已,并不是你应该关心的事情。出现失误后不要垂头丧气。将失败看成新的起点或成长的代价,而不是将它们视为终点。毕竟,如果你仔细寻找的话,并不缺乏竞争和机会。中国古代哲学家孔子说过:"我们最伟大的荣耀不在于从不跌倒,而在于每一次跌倒后都能爬起来。"[1]

丹·奥布赖恩(Dan O'Brien)利用失败把自己提升到了更高的水平。在1992年巴塞罗那奥运会上,他是夺金呼声很高的选手,但是他因为在美国奥运会选拔赛中撑竿跳只得了0分而失去了奥运会的参赛资格。他并没有因此而沮丧不前,而是将这次经历当作自己迈向成功的踏脚石,继续努力,于1996年亚特兰大奥运会上打破十项全能的世界纪录,夺得金牌。他说:"为你所做的事情感到自豪,并且记住——只要永不言弃,败又何妨?"

---

[1] 这句话英文原文为"Our greatest glory is not in never falling, but in rising every time we fall",并非孔子所说,所能查到的最早出处是18世纪著名的英国剧作家奥利弗·哥德史密斯(Oliver Goldsmith)的作品集《世界公民》(Citizen of the World),作者在书中谈到了孔子,但并未引用孔子的话,而是借孔子来抒怀。

继续朝着目标的方向前进。加紧步伐，勇于冒险，向金牌冲刺！

制定团队口号

散是一滴水，聚是一汪洋。
——芥川龙之介（Ryunosuke Satoro）
日本作家

要想实现最佳表现，态度是关键。制定一个年度团队口号，这不仅可以给大家以鼓舞，还可以把大家拧成一股绳。在进行有关口号的头脑风暴过程中，尽情享受创意的乐趣。然后，将口号张贴在显眼的地方，让它时时提醒大家团队的使命。

在纽约巨人队任职期间，教练比尔·帕塞尔斯（Bill Parcells）在更衣室里张贴了一条标语，反映了他朴实无华的行事风格："不责怪，不期待，多做事。"

在2011年棒球赛季中，亚利桑那响尾蛇队从本赛区最差球队一跃而成本赛区最佳球队。原来，在春训期间，三名美国海豹突击队队员到访球队，在一小时的谈话里向球队传授了他们自己的心理韧性哲学，这给了球队很大的鼓舞。

他们在白板上写下"DWI"（"Deal with It"的首字母缩写），然后告诉球员们，当问题出现的时候，"搞定它"。这么直截了当的一句话，是海豹突击队的生存法则，也成了响尾蛇队的口号。你也可以抱着这样的态度去搞定你所面临的任何问题——因为你做得到。

以下是一些我合作过的其他运动队使用的口号：

- 不要相信天花乱坠的吹捧——去创造自己的成绩！
- 走出自我，融入集体。
- 团队合作让梦想成真。
- PTAFW：证明他们大错特错（Prove Them All F****** Wrong）。
- 兑现卓越的承诺。
- 团结就是力量。
- 敢于成就伟大。
- 不惜一切代价。
- 敢想更敢做。
- 以勇担责任为荣：责任成就卓越。

放下包袱，轻装上阵

在整个训练或比赛期间，不要想任何私事（例如，一个学生运动员担心即将到来的期中考试）。当你踏上赛场，就放下这些思想包袱，轻装上阵。

在武术上有这么一种说法——当你进了武术馆时会有人告诉你："把外面的东西留在外面。"为什么呢？这是因为一个分心的运动员很快就会被击败。让自己进入运动模式，这样才能将全部的精力集中到眼前的目标上。

如果你遇到的麻烦没有那么紧急，那比完赛再处理会更有效。因为比完赛之后，你可以留出专门的时间一心一意来解决这些麻烦。

比完赛后，切换到非运动模式。这样你就不会回家还想着训练或比赛，而是可以专注于生活的其他方面，并得到充分的休息和放松，从而在第二天重新焕发活力，精力充沛地回到运动模式。在生活的所有领域，我们都要专注当下。

不要绷着脸

最佳表现需要我们的心理状态全然放松。绷着脸只会引起不必要的紧张。按照这句中国谚语行事："有求皆苦，无求乃乐。"

不要做不符合自己风格的事情。做自己可以帮你发挥出最佳水平，而愁眉苦脸除了让你更紧张外，别无他用。比赛时放松自己的面部表情，让自己乐在其中。

等待行动的时机

你是否因为迫不及待地想要赢得比赛而焦躁不安？NHL名人堂守门员埃德·贝尔福（Ed Belfour）在1988年至2007年期间一直在打球，他曾说："你太想赢球了，你太想帮助球队了,这让你总是忙于付出,而忽略了近在咫尺的机会。"

因此,无论你从事何种运动,都要学习如何等待属于你的时机。遵守纪律,保持耐心,然后果断行动。比如,垒球运动员要等待时机掷出关键的一球,巴西柔术练习者要等待时机一招制敌,美式橄榄球跑卫要等待时机迎接胜利的曙光。

在行动的那一刻,你是急不可待还是会努力按捺住自己?什么也不要做。既做好随时行动的准备,又不过分紧张。让自己的天赋不受制约,自由发挥。机会总会找上你。总之就是要从容不迫,自由发挥。

过程,过程,过程

在比赛期间,重视那些为了赢得比赛所需要做的事情,不要只强调胜利的结果。也就是说,关注比赛本身以及你现在需要做什么才能打好比赛。享受当下的竞争过程,避免跳入未来诱惑的圈套。在最后的结果出来之前,不要去担心它。只想着怎么完成比赛,不要去想比赛结果或外部因素,这就是专注过程。

心无旁骛地沉浸在与比赛相关的世界里,避免受到上次比赛、下次比赛或此次比赛的预想结果的干扰。问问自己以下这类问题:"我需要集中精力采取哪些行动才能取得成功呢?"或"我当前的目标是什么?"不要问自己这类问题:"我们会赢吗?"或"教练会让我退出比赛吗?"不管局势怎么样,投手都应当集中全部精力完成投球前的准备动作,击中预期位置，一投接着一投，一局接着一局，不要毫无必要地担心自己的得分或盼望能够大获全胜。

在训练和准备过程中，请务必重点关注提高的过程。最近，一位颇有竞争力的网球运动员与我分享："我注意到，要想把那些只重视结果的言论拒之门外是非常困难的。我一直在慢慢提高自己移动的速度，增加网球步法的多样性，但每取得一点儿进步，其他人又会开始对我有更高的期望。我必须坚持自己计划和节奏！"要想做出冠军级别的表现，就要在训练和比赛中以过程为导向。

简单至上

运动员往往把他们的比赛复杂化，就好像运动还不够复杂似的！然而，当运动员一门心思只想着一件事时，比如"看球，打球"，他们往往会发挥得最出色。如果你喜欢过度分析或使大脑超负荷运行，那么请坚持以目标为导向，并提醒自己尽一切可能地简单化。请记住在KISS（Keep It Simple and Straightforward，保持简单直观）原则上遵循这种变化。

简化你的思维过程，那么一切就会变得异常简单。短跑和跳远运动员卡尔·刘易斯（Carl Lewis）曾九获奥运会金牌，并且被国际田径联合会评选为20世纪世界最佳田径男子运动员，他是这样描述自己的思维过程的："我在重大赛事之前的想法通常都非常简单——走出障碍，全力跑步，保持放松。"

举例来说,冠军高尔夫球手会明智地在高尔夫球场上逐杆、逐洞地规划路线。这样他接下来的任务就是在球道上击球,把球打到果岭[①]上,然后推杆进球。在一个球洞的比赛过程中,一个高尔夫球手最多只有一两次挥杆的机会,也不可以随意向他人征询助言,因为高尔夫球手是在打高尔夫球,而不是挥高尔夫球杆。换言之,高尔夫球手的目标很明确——击球入洞,不要用任何方法让事情变得复杂。

别着急,慢慢来

当人们感到事情进展不顺利或者压力增大时,通常会不自觉加快自己的步伐、语速等。如果你发现自己的言行举止变得匆忙,请提醒自己放慢速度以避免犯错。

请注意,在高度紧张的情况下,我们容易因为一心只想着赶快解决问题而产生"快快快"的冲动。这时如果我们能够不屈服于自己本能的冲动,就能很好地驾驭它。

均匀的深呼吸会让一切慢下来,包括你对时间的感知。保持稳定的心理和身体节奏有助于平稳你的情绪。

篮球界传奇教练约翰·伍登的成功金字塔有许多著名语录,其中我最赞同的是:"动作要快,但不要着急。"例如,

[①] 果岭,高尔夫球运动中的一个术语,是指球洞所在的草坪,果岭的草短、平滑,有助于推球。果岭二字由英文 green 音译而来。选手在打球时,第一个目标是将球打上果岭,再进一步以推杆来进球。

篮球的控球后卫或橄榄球的四分卫就应该动作快捷，思维冷静，心态平和。

庆祝自己的高光时刻

定期回顾自己的高光时刻，重温你当时快乐的心情以及那种觉得自己很了不起的感觉，这些体验会成为你日后艰难时刻的支撑。花些时间停下来思考一下什么是好的以及哪些是有效的。这些精彩的瞬间可以让你看到自己的全部潜力。

就像事后诸葛亮总喜欢放马后炮一样，在绝大多数情况下，我们常常会因为那些没做好或没做到的事情而懊悔，而忘了那些我们曾取得的荣光。每一次进步和胜利都来之不易。通过保持成功的心态来奖励自己做得出色的工作。

精心为自己的成就筹划一次庆功会，并从大家的反馈中吸取经验，以便下一次做得更好。当你在比赛中从始至终都态度积极，全力以赴，并因此而表现出色甚至连战连胜时，默默在心里为自己欢呼一下，这样你的信心就会不断加强。不要高估自己的失败，也不要低估自己的成功。

需要时，请卷土重来

如果你在上半场没有实现最佳表现，下半场还有机会可以提升。冠军就要有卷土重来的气魄。

不要一直沉溺在消极的想法中（如"我一整天什么事都没有做好！"），而是要相信好事总会发生，让自己迅速恢复活力。保持积极的心态，你就会一往无前。

在1927年温布尔登半决赛期间，与两届男单温网冠军的美国选手比尔·蒂尔登（Bill Tilden）对阵时，法国选手亨利·科切特（Henri Cochet）处于即将被淘汰的边缘。科切特在前两局中落败，第三局又与对方战成1∶5落后。然而，科切特并不服输，在接下来的比赛中令人难以置信地取得了五连胜，最终为自己在温网决赛中挣得了一席之地。

"即使看起来我的胜算微乎其微，我还是会全力以赴。我从不放弃尝试；也从来没有觉得自己缺少机会。"阿诺德·帕尔默（Arnold Palmer）说，他是高尔夫球史上最伟大的球员之一。1960年，在科罗拉多州丹佛市附近的樱桃山乡村俱乐部举行的美国公开赛中，帕尔默以落后7杆的成绩进入最后一轮，排名第15位。虽然落败，但这并不意味着结束。帕尔默连续打出4个小鸟球[①]扭转了局势，最终加冕桂冠。这是一次令人印象深刻的反败为胜，开启了属于他的时代。

在1992年的AFC[②]外卡季后赛中，布法罗比尔队在他们的主场受到休斯敦油工队的连环进攻。比尔队在四分之三场比赛时以3∶35的比分落后。然而，比尔队并没有被打得落

[①] 小鸟球，一种高尔夫球基本术语。在高尔夫球场上，当球手完成一次漂亮的击球并取得低于标准杆1杆的成绩时，球手便被称之为bird，bird比喻高尔夫球像小鸟一样在空中飞翔。
[②] AFC，美国橄榄球联合会（American Football Conference）的英文简称，是美国国家橄榄球大联盟下两大联合会之一。

花流水，而是就此翻盘，并最终在加时赛中赢得胜利。

美国体操运动员乔婷·韦伯（Jordyn Wieber）是2011年的世锦赛个人全能冠军。尽管她是夺冠呼声最高的宠儿，但还是在预选赛中败北，无缘参加2012年伦敦奥运会体操全能决赛。虽然韦伯是当天成绩最好的选手之一，但她排名第三，位列其队友加布丽埃勒·道格拉斯（Gabby Douglas）和阿里·雷思曼（Aly Raisman）之后，而每个国家只有两名体操运动员可以参加全能决赛。韦伯得知自己被淘汰后立刻泪流满面。她的全能冠军梦也在多年的专注和努力之后变成一场噩梦。

在家人和团队的帮助和全力支持下，韦伯作为一名真正的冠军（和队友），虽为与冠军失之交臂感到悲痛欲绝，但还是能够翻开新的一页，信心十足地向前迈进。在她辉煌的职业生涯中最令人失望的表现发生之后，她仅仅用了48小时就重新回到台上继续比赛了。在把"我们"置于"我"之上后，她走了出来，全神贯注地进行跳马比赛，并帮助美国队夺得了自1996年以来的首枚奥运会体操团体金牌。

小挫折往往孕育着大转机。尤吉·贝拉有句名言："比赛在真正结束前都不能算结束。"无论你在比赛中落后（或领先）了多少，不到终点绝不能松懈。即使开局很糟糕，保持信心，坚持下去，你终会抵达巅峰。在比赛中，请绝对不要放弃。

热爱磨炼

总有方法可以让我们把事情做好——即便你正在比赛中

苦苦挣扎。倘若你没有在比赛中位列前茅，也发挥不出自己的最佳水平，那么你只需要尽心尽力完成当天剩下的比赛即可。

当你在高尔夫球场上不擅使用长杆时，那就以短杆取胜。当你在篮球赛中投篮总是失手时，那就去打防守。要在比赛中乘风破浪，而不是缴械投降。即使前景看似暗淡无光，也不要轻言放弃。

当你对结果悲观但又仍不死心时，那么现在就花一点时间来想想你的表现。当你的状态无法达到最佳的时候，请记住：塞翁失马，焉知非福。一心一意专注于比赛，然后全力以赴，花若盛开，清风自来。

罗里·麦克罗伊（Rory Mcilroy），4次主要赛事冠军得主，在2011年上海名人赛中，尽管一开始由于失去了三杆领先的优势而不得不在后九洞[①]奋起直追，并被迫在延长赛中对阵金河珍（Anthony Kim），但他最终还是在延长赛的第一洞摘取了桂冠。在最后一轮没有上场就赢得上海名人赛冠军后，麦克罗伊这样描述自己的内心状态：

> 我觉得自己仍然可以做得更好的事情就是赢得胜利，当你没有发挥出最好的状态时，就把自己放在冠军的角度看问题。即使是那些小打小闹的杂牌赛，也能让你从中得到磨炼，用一次次胜利不断把你往冠军的位置送，这好过自己在一边孤芳自赏。我很高兴我能够把这座奖杯拿下。

---

① 后九洞，高尔夫运动术语，指18洞球场中的最后9个洞。

扮演好运动员这个角色

你可曾像现场记者一样对自己在赛场上的表现品头论足？从事诸如高尔夫球、射击和网球这类可以由运动员自行掌控节奏的运动的运动员往往会和自己进行一番关于自己表现如何的内心对话。他们可能会过度分析自己的技术，不断地与他人做比较，并时不时预测一下自己的最终得分。这些内心的声音会让他们分心，无法发挥出自己的真实水平。

在赛场上，你永远只是运动员。不要试图扮演教练、父母、观众或心理医生等其他角色。集中全部精力投入比赛，不要自我分析，扮演好运动员这个角色。在比赛结束之前不要妄自评论自己的表现。不要太在意最后的得分，你只要做好自己该做的就可以了。如果你总是担心观众在想什么，很快你也会下场和他们一起观战！

做教练教你的事情

比赛时，你的任务不是获胜或者取悦他人——这是你无法控制的，你的任务是以正确的态度发挥出自己的最佳能力以完成教练指派给你的任务——这是你可以控制的。做你分内的或应该做的事情会使你处于最有利于你和你的团队成功的位置。如果你行为妥当，如遵循教练的指示，你更有可能获得胜利。

新英格兰爱国者队的主教练比尔·贝利奇克（Bill Belichick）拥有 6 个超级碗冠军戒指，其中 4 个是他担任主教练时取得的。他不断提醒他的球员："知道自己的任务是什么，然后完成好它。"了解自己的职责、完成自己的任务意味着你要尽量去做与比赛有关的事情并减少与比赛无关的一切，欣然接受自己在团队中的角色并做好自己要做的事情。这不仅有助于你自己的事业，也能使你的队友更轻松地完成他们的任务。

适度愤怒

焦虑能使你的表现更好，注意力更集中——前提是适度的焦虑。愤怒是我们感到害怕时的本能防御；然而，少量的愤怒却可以带来快乐、力量和动力，并缓解焦虑。

因此，如果你在比赛前感到非常焦虑或训练前觉得兴味索然，可以想一想让你有点生气的事情，比如对手的轻蔑（对你说脏话）或者你所在球队上一次的输球。当你过度焦虑时，与其尝试放松或冷静下来，不如将"比赛开始了"这种紧张感积极融入你的表现中。

游泳运动员迈克尔·菲尔普斯是唯一一个在单届奥运会中（2008 年北京奥运会）获得 8 枚金牌的运动员。他坦陈，竞争对手的公然质疑让他一腔怒火，但他化愤怒为动力，更加刻苦地训练。菲尔普斯说："我非常欢迎大家对我的质疑，因为我喜欢它，它比什么都更能激发我的斗志。"那是什么激发了你的斗志呢？

拳击手伦诺克斯·刘易斯（Lennox Lewis）在1988年汉城奥运会上为加拿大赢得了金牌，并且成为当时最无可争议的世界重量级拳击冠军。他阐述了由竞争而非愤怒驱动的重要性："愤怒会消耗能量，而我想保持精力集中。如果一个人打了我，我会想：'干得好，这可是一个好机会。'"

最好不要发怒或"疯狂搞破坏"；咒骂、打架或扔东西都会弄巧成拙，也是体育道德缺失的表现。你有更好的渠道来表达自己的不满。在比赛状态不怎么理想的时候可以通过一些积极的肢体动作来释放挫败感，比如拍手等。"适度愤怒"就是适当并专业地释放斗志以保持优雅。

问自己适当的问题

还记得吗，思想决定感受，感受决定行为。这是毋庸置疑的。问自己一些能够引导自己积极思考和解决问题的问题，尤其是在你担心或苦恼的时候。关注当前的情况，然后做出决定并采取行动。

诸如"我希望出现什么情形"或"现在什么能帮助我"这样的问题就是好问题，可以帮助你集中注意力以取得不错的结果。而"为什么现在会发生这种情况"或"我到底怎么了"等问题没有满意的答案，并且会带来不良的后果。问问自己："我内心的冠军告诉我此时此刻应该做些什么？"或者"我所钦佩的人此时此刻会做些什么？"第二个问题就是把你所钦佩的那个人放在你所处的情形下，即使那个人并没有从事你所从事的运动也没关系。想着你所钦佩的人会为你注入他或她的动力和力量。

比赛当天的关键问题是"我需要做些什么才能发挥出我的最佳水平"。关注自身的表现以及想要实现的目标从而让自己进入理想状态会给我们带来精神上的挑战。蛙泳运动员阿曼达·比尔德（Amanda Beard）是 7 枚奥运会奖牌得主（包括 2 枚金牌），她说："我专心准备我的游泳比赛，不管其他游泳选手怎么看我，我都不会分神去想他们。"

在心中播放音乐

在训练或比赛时，你会听点音乐吗？聆听美妙的音乐是改善心情，专注当下，并找到适合自己的训练强度和比赛节奏的最好、最快的方法之一。

- 职业滑雪、滑板运动员肖恩·怀特（Shaun White）是三届冬奥会金牌得主，他说："音乐能让我在跑步前进入自己想要的节奏。"
- 马里安诺·李维拉是纽约洋基队的前王牌替补投手，他会听着金属乐队（Metallica）的"Enter Sandman"从洋基体育场的候补队员区走出来。
- 卫雷·刘易斯（Ray Lewis）是前 NFL 巴尔的摩乌鸦队的超级明星后卫，他说，每场比赛之前他都会被菲尔·科林斯（Phil Collins）的励志歌曲"In the Tonight"点燃，整个人兴奋不已。

那么，在比赛之前你会听些什么激励人心的歌曲呢？制作一份可以让你在不同的情况下产生与之相适的情绪的个性化的歌单，例如在为训练或比赛做准备时听什么歌，晚上放松时听什么歌。

制作（或更新）你个人用于训练的励志歌单。可以把那些你最喜爱的快节奏歌曲加进来，这些歌曲能够让你精神抖擞地坚持到底。

以下是一些能够激励人心的歌曲，它们可以最大限度地提升你的表现：

- Metallica："Enter Sandman"
- Black Eyed Peas："Pump It"
- Young Jeezy："Go Getta"
- Eminem："Lose Yourself"
- The xx："Intro"
- AC/DC："Thunderstruck"
- The Crystal Method："Drown in the Now"
- Fort Minor："Remember the Name"
- Guns N'Roses："Welcome to the Jungle"
- Pete Miser："Through the Fire"
- Macklemore and Ryan Lewis："Can't Hold Us"
- The White Stripes："Seven Nation Army"

不要夸大困难

夸大其词只会使眼前的挑战陷入迷雾。过分夸大事态的严重程度或抱着诸如"风险太大了""对手太难打败了""这个球肯定击不中"或"要么战,要么死"这样给自己压力的想法毫无用处。头脑清晰就是要理清思绪,做到条理分明,多方权衡。

要意识到,即使用开玩笑的方式说,所有这些让自己情绪低落的想法都会加重我们的压力,并增加肌肉的紧张感,从而降低我们发挥出最高水平的可能性。在赛场上,要昂首挺胸,斗志昂扬,不要心灰意冷,垂头丧气。

无论你的竞争对手是谁或你所处的境况如何,你只要尽力而为就好了,因为这也是你唯一所能做到的。在体育运动和生活中,困难是一种常态,但夸大其词却会让事情变化无常,所以最好保持事物当下的本来面貌。

打好比赛,不找借口

冠军从不找借口。一些运动员会提前想一些借口以便他们在比赛发挥不好时用来为自己开脱;然而,他们找的借口会变成自我实现的预言,最终导致他们希望避免的糟糕结果的产生。

在前行的路上,珍惜你所拥有的,不要找任何借口(心理支柱)。即使你觉得自己不是处于最佳状态或者境况不怎么理想,你仍然可以获得成功。只要告诉自己:"我仍然可以发挥出色,我仍然可以专注于我需要做的事情。"

比赛后的借口,比如责怪他人,主要是为了推卸个人责任,并在出现不良后果后挽回面子。我们要这样想:"我没有尽力做到最好,我会更加努力,并做出必要的积极改正。"即无论输赢,都要对自己的比赛承担全部责任。

麦凯拉·马洛尼(McKayla Maroney)是2012年夏季奥运会夺得金牌的美国女子体操队的成员。作为世锦赛跳马冠军的马洛尼本来有望在她的个人项目中赢得奥运会金牌,她也确实在第一次试跳后领先其他选手。然而,在第二次试跳落地时她一步踏空,在积分榜上滑落到第二名。对此,她表示:"我的屁股着地了,不配获得金牌。"虽然马洛尼认为自己已经非常努力了,但她没有为最后得到的比赛名次找借口,而是一副完全负责的态度。

要保持冠军态度,不要找借口,以下是三个常见的借口:

- 借口1:"裁判耍了我们!"
  冠军的态度:"我们需要学习如何击败对方球队以及如何应对误判。"
- 借口2:"我的队伍/教练很差劲!"
  冠军的态度:"我全力支持我的队友和教练,并为他们加油喝彩。"
- 借口3:"对方球队太走运了!"
  冠军的态度:"也许对方球队是幸运的;现在让我们开启属于我们的运气吧,"或者"今天对方球队打得更棒;让我们想一个下次击败他们的方法。"

即兴发挥，即刻适应，即时克服

即便是最精心制订的计划，也不能确保让我们一帆风顺。为了发挥出冠军的水平，提前想好各种可能的突发状况并从问题解决的角度制订有效的应急计划，例如"如果发生了某某事，我会怎么处理"。这样，当糟糕的或意想不到的事情发生时，你就不会感到震惊或不安，而是会知道如何灵活运用所掌握的心理技能去处理意外事件。

拥有冠军的思维模式（不责备自己或他人，专心解决问题，适时展示出自己的幽默感）将减轻你的恐惧，因为你知道自己可以应对遇到的任何困难或麻烦。在大多数情况下，当意外发生时，你只需要进行细微的调整，并忽略那些无助于你发挥出最佳水平的事情。只要你专注于自己的预期目标，潜在的干扰将退避三舍。

比赛延迟和中断最多只不过给你带来一些麻烦而已，没有什么可怕的。不小心比赛迟到、在高尔夫球场上遇到慢打的对手或因长时间下雨行程被延误，诸如此类的情况也是如此，虽然会给我们带来一定的不便，但并非世界末日。许多美国军队都盛行着这样一句口号："即兴发挥，即刻适应，即时克服。"

遇到任何干扰都不要让它们影响你的生活或表现，而是要秉持"即兴发挥，即刻适应，即时克服"的精神去应对。保持积极与耐心。像"即使我可能不喜欢，我也能够处理好这种情况"就是积极的自我暗示。深呼吸，冷静下来，然后信心十足地向前迈进。你也可以哼哼小曲或唱唱歌来保持自己的节奏,如果这么做有帮助的话。

要想做出冠军级别的表现,那么当意外发生时,要积极去解决问题,而不要无精打采,闷闷不乐。这种心理素质不仅在奥运会上很重要,在其他任何赛事中都很重要。在2008年北京奥运会期间,米丝蒂·梅-特雷纳和凯莉·瓦尔什·詹宁斯在"背靠背"[1]沙滩排球赛中虽然遭遇了一些突发状况,但她们始终保持着积极拼搏的姿态,最终连续两场赢得金牌。

在梅-特雷纳的感人自传《米丝蒂:探寻排球与生活的真谛》(*Misty: My Journey Through Volleyball and Life*)一书中,她讲述了那些始料不及的挑战:她们因为没有按时收到定制的泳装不得不穿上另一个品牌的泳装;梅-特雷纳因感冒发烧病倒了;沃尔什·詹宁斯在与日本选手比赛的过程中丢了她的结婚戒指;她们被迫与巴西一支新组建的球队对阵;在总决赛中,她们不得不在瓢泼大雨中与具有压倒性主场优势的中国顶级双人组争夺金牌。

这就是我

在结束了一场精彩的比赛或进行了一番稳健的发挥之后,你会立即对自己说些什么呢?你可以对自己进行积极的心理

---

[1] "背靠背",由"back-to-back"直译而来,职业联赛术语,特指连续作战。狭义的"背靠背"指连续两天在不同客场迎战不同对手,广义的"背靠背"指连续两天在不同场地迎战不同对手。

暗示:"这就是我。我会继续做我正在做的事情,而且我会一直保持自己的比赛风格。"

例如,当四分卫的第二次传球成功被他的接球手接住时,他可能会自信满满地认为:"我两次尝试传球,两次都成功了,下一次传球我还会成功。"

要意识到成功需要持久的努力,并相信自己终将收获成功。现在,倘若你的比赛不怎么顺利或表现不怎么理想时,你会立刻对自己说些什么呢?你仍然可以对自己进行积极(绝不能消极)的心理暗示:"这不是我的真实水平。这只不过是暂时的失利。我调整一下自己的状态就能扭转局面。"

例如,当四分卫的第二次传球因为越过接球手而失败时,信心十足的四分卫会这样想:"我已经在两次尝试传球中成功了一次,我的下一次传球一定会正中目标。"

要意识到失败只是暂时的,它很快就会被成功取代。要坚信你的失望也会被你的下一次成功取代。

专注于希望发生的事情

专注于你希望发生的事情,而不是你担心会发生的事情。一个典型的例子就是,新手高尔夫球员心里想着"我最好不要把球打入水中",然后球偏偏被打到水里去了。

如何才能投中关键球呢?瞄准然后把球投出去,仅此而已。1982年,迈克尔·乔丹为北卡罗来纳大学击败乔治敦队赢得了 NCAA 篮球锦标赛冠军,那一记决胜球让他在篮球界大放光彩。他说:"我从不考虑错过投篮绝杀会有什么后果;当你琢磨那些的时候,你总会想到负面的结果。"

比赛时,不要试图驱赶心中的害怕,而是要带着满满的自信上场。要对自己进行积极的心理暗示:"我做得到!""盯紧目标!""坚持到底!"不要给自己消极的心理暗示:"别搞砸了!""不要分心!""现在先别放弃!"

压力是一种荣幸,而不是一个问题

压力始终是个人的主观感受。换句话说,运动员在比赛时的感受和行为都会受到当时场上的情形以及运动员对其的理解的影响。一些运动员,如网球冠军比利·简·金(Billie Jean King),认为压力是一种荣幸,而另一些运动员则认为压力是问题出现的一种迹象。

如果运动员认为比赛是一场迫在眉睫的灾难而非一个千载难逢的好机会,他们就会在比赛中承受巨大的压力。此外,正常的身体感觉,如赛前心率加快,也往往会让这些运动员如临大敌。幸运的是,我们可以通过培养正确的思维模式来战胜这种"不良"压力。

例如,西雅图海鹰队的四分卫罗素·威尔逊(Russell Wilson)曾说过他在压力下的思维模式是这样的:"我很喜欢比赛进入决胜阶段的那个时刻,因为那时其他人都非常紧张,而我会异常兴奋。"UFC的老将维托·贝尔福特(Vitor Belfort)也说过类似的话:"我只是尽我所能,所以没有压力。"当你感到由压力带来的紧张和焦虑时，试着换一个角度去看它。这个方法有助于人们从获胜的角度出发，更好地了解自身所处状况。

如何从消极视角转向积极视角，这是一个挑战。不要将自己置于高压状态，而应将这一刻视为你发展的机会。迎接即将来临的挑战吧！因为你真的没有什么可失去的，反而可以收获很多。你要么赢得胜利，要么收获经验。明白这一点将会帮助你保持一种"为赢而战"的心态，而非仅仅满足于不输就行。

对"不良"压力或危险过于敏感会引发一连串生理反应，最终导致过度刺激——心跳加速、手心出汗、心神不宁。因此，练习在这种不断增加的刺激下进行比赛并学会如何与之共处是非常重要的。

所有的教练和运动员都明白，让训练适当变得紧张一点、逼真一点、激烈一点是很重要的，这有助于为比赛做好心理准备。然而，仅仅简单地想象一下自己正处于真实的赛场中，旁边播放着吵闹的音乐来模拟人群的噪音，或是下一些小赌注，这样的方法虽然有用但是不够全面。

直接模拟压力反应是一个重要的方法。通过做俯卧撑、原地跑步或做60—90秒的跳跃运动，让你的心率加快，手臂颤抖。深呼吸几下。然后趁着身体上的这种压力反应还在马上练习罚球、高尔夫挥杆、射门或网球发球，并竭尽所能做到最好。

在训练时你越是以这种方式模拟压力反应，在比赛时你越能够管理好自己的情绪和身体状态并服从指挥，尤其是当你处于冠军状态肾上腺素飙升的时候。

相信自己的才能

避免陷入完美主义的危险处境和分析性瘫痪——由于思虑过多导致表现不佳。让你的身体跟着所接受的训练去做。

与其担心自己的技巧或体力不如别人，不如集中精力关注外部的情况。从你那些杂乱的思绪中挣脱出来，全身心投入到比赛中。相信你所有的技能都可以信手拈来。

相信自己准备好了，然后自由展现，尽情发挥。这种态度会让你的发挥更具艺术性和流畅性，这在关键时刻或势均力敌的比赛中是必不可少的。

著名的运动心理学家鲍勃·罗特拉（Bob Rotella）建议："训练它，相信它。"以下是这一建议的三个步骤。

- 第一步，在练习中训练自己的才能。
- 第二步，在比赛中信任自己的才能。
- 第三步，不断重复前面两个步骤。

所有冠军和顶级团队都明白，信任是实现最佳表现的必要条件。柯特·托马斯维茨是两届奥运会选手，也是"夜车"四人雪橇队的成员，其他三位成员分别是史蒂文·霍尔科姆（Steven Holcomb）、贾斯汀·奥尔森（Justin Olsen）和史蒂夫·兰顿（Steve Langton）[1]。在2010年温哥华冬奥会的男子雪橇四人赛中，夜车队为美国赢得了62年来的首

---

[1] 史蒂夫·兰顿，史蒂夫·米勒（Steve Mesler）的接替者。——作者注

枚金牌。托马斯维茨与我分享了他对信任的重要性的看法。他说：

> 我最喜欢的奥运时刻之一就是最后冲刺之前。在我的团队为 2010 年奥运会的四场比赛中的最后一场比赛做准备时，我记得我花了一小段时间才真正"相信我的才能"。我们在第一天（两场比赛）之后取得了明显的领先优势，到了第二天的第一场比赛之后，更是遥遥领先于其他选手。（四场比赛总用时最短者胜出）。所以进入最后一场比赛，当我们完成热身，走向起跑线时，我们可能会想："不要把这么大的领先优势丢掉了，"这会造成不必要的压力与紧张；或者我们可能会谨慎保守地完成最后一场比赛，并且表现出一副非常漫不经心的样子。但我们没有，我们只是互相自信地对视了一下，然后一起走向最后一场比赛的赛道，如同我们之前职业生涯几千次出场一样。我们知道，我们只需要做我们之前所做的事情就可以了：相信我们的能力，既不过度兴奋，又不过于谨慎。我们在最后一场比赛中要做的事情与在前三场比赛中要做的事情没有什么不同，是金子总会发光。

永远为赢而战。正如我们前面所讨论的，一些运动员为了赢得比赛而比赛，而一些运动员则为了不输掉比赛而比赛。不要限制你的思想和身体；自由自在地尽情发挥。你的心态应该是，失无所失，受益无穷。试着综合运用本章讲述的心理策略在比赛和生活中取得积极的成就。

了解了为夺得比赛金牌而努力的重要性之后，比起结果，你是否更注重过程呢？你是否会经常为了那些你想看到它发生的事情而庆祝？你是否会效仿金牌得主柯特·托马斯维茨在比赛中尽自己的最大努力发挥出最佳水平？解放思想，赢得胜利。为夺取金牌而战！

第 4 章

冠军的智慧

如果想让事情变得糟糕透顶,不管它有多糟糕,你都可以做到。

——盖尔·赛耶斯(Gale Sayers)

到目前为止，我们一直在讨论在运动中当我们以冠军的思维模式进行比赛时，需要哪些关键的心理技能和策略来增强心理肌肉。你已经学会了如何像冠军那样思考、感受和比赛，因为运动员的思维方式是赢得比赛或实现个人最佳成绩的主要因素。本章将提供更高阶的心理策略，让你更具洞察力，迅速达到更高的层次和水平。你将开始从一个更加权威的非凡角度来审视自己的运动表现。

以掌握某一技能为目的

运动员可分为两种类型：一种认为追求奖项、赞美以及其他类似的荣誉高于一切，而另一种则真正热爱他们所从事的运动并想知道自己到底能够做得多好。前者被认为是以自我为导向：当获得认可时，他们就会兴奋不已；如果没有得到认可,他们则会极度不安。后者通常以掌握某一技能为目的;无论最终结果如何,他们往往都会感激追求卓越过程中的一切。

例如,以自我为导向的学生运动员可能会过度关注他们在场上的表现数据(如击球率)和课程绩点。这种倾向与较高程度的表现焦虑以及面对失败或挫折时的气馁相关,因为他们的动力主要取决于外在因素(如他人的评价)。此外,对于以自我为导向的运动员来说,在实现了自己的最高目标之后可能会产生难以抑制的空虚感,因为他们在错的地方寻找个人幸福。他们只想知道:"接下来做什么?"然而却始终无法为心中的疑问找到满意的答案。

相比之下,以掌握某一技能为目的来完成任务的学生运动员主要受到内在因素(如热爱比赛和追求成长与发展)的激励。他们不断设法提高自己在赛场上的表现,并且努力在课堂中增长学问。他们非常乐意参加训练和比赛,以及各种课堂讨论。比赛和参与过程之外的奖励对他们来说只不过是锦上添花。他们更多是为了全身心地享受旅程,而不是为了简单地抵达某一特定的目的地。

根据我的专业观察,我认为,最快乐和最有成就的运动员就是那些以掌握某一技能为目的的运动员,无论他们掌握的技能是什么。这类人通常被好奇心和乐趣所推动,当然外在的成功也是他们的动力之一。令人意想不到的是,那些重视过程而非痴迷于结果的运动员反而容易得到更好的结果。西雅图海鹰队四分卫罗素·威尔逊就是以掌握某一技能为目的的运动员的典范。他说:"我对于技能的掌握有一股疯狂的热爱。"威尔逊将他对足球的竞争天性和激情融入他每一天的追求中，无论是研究比赛视频还是练习步法，都是为了在比赛时能够有出色的表现。

为了获得个人成就，实现竞争优势，在任何可以找到动力的地方寻找动力。享受胜利的成果，如人们的欢呼、掌声或冠军奖杯。然而，真正的动力总是来自我们的内在。参与活动和享受活动本身就是你最大的收获。在比赛中，不要担心记分牌上的分数，而要重视自己的心理状态，如态度和积极性。这样做会使你的动力保持在更高的水平，并让你更加专心致志。永远去竞争。永远去战斗。永远不要满足于追求个人的最佳成绩。外在的成功很快就会到来。

成为自己最强劲的对手

走向冠军之巅最重要的是战胜最好的自己。不要满足于银牌或铜牌，你的努力程度亦是如此。职业足球名人堂四分卫史蒂夫·杨（Steve Young）说："要不断和自己较量。要自我提升，要每天做得比前一天更好。"换句话说，不断超越自己的卓越标准，并不断提高自己的比赛水平。

勒布朗·詹姆斯（LeBron James）在2012—2013 NBA赛季的采访中告诉记者，他正在挑战自己，努力让自己更上一层楼。由于赢得了NBA总冠军和奥运会金牌，并且斩获了联赛MVP和决赛MVP，他被评选为《体育画报》（Sports Illustrated）2012年度最佳运动员，随后他宣称，作为一名球员，他会不断努力，不断进步。

此外，要学会利用别人的出色表现来激励自己变得更加优秀。向队友或顶级竞争对手发出挑战，从而使自己的水平不断得到提高。训练时与队友互相竞争，比赛时与队友互相支持。与队友和竞争对手之间最好形成积极正向的竞争关系，不要心怀嫉妒和戒备。

在2012年伦敦奥运会上，波兰选手托马斯·马耶夫斯基（Tomasz Majewski）赢得了铅球金牌，成了自1952年和1956年以来继帕里·奥布莱恩（Parry O'Brien）之后首个连续夺得2枚奥运铅球金牌的选手。而在2008年和2012年的比赛中，外界都认为马耶夫斯基略处劣势。在他的职业生涯早期，他曾说过："我的对手表现得好（不会）让我生气或担心；相反，他们会成为促使我达到他们那般水平的最佳动力。"

尽你所能

罗伯特·路易斯·史蒂文森（Robert Louis Stevenson）是19世纪最著名的作家之一，他有句名言："做自己并成为我们所能成为的人，是生命的唯一归宿。"无论是在生活中还是在比赛中，我们大显身手的机会转瞬即逝，因为时间不等人。因此，请怀着最初的使命感和激情再努力一点。成为冠军意味着充分地表达自己，并对生活中你所重视的一切尽力而为。离开舒适区，从容而又拼命地追逐你梦寐以求的目标。在球场上努力奔跑，然后带球入网，锁定胜局。

平静地享受成功

力争始终以必胜的信念和不懈的努力去训练和比赛。"成功时我们的内心应该是平静的,因为你知道这是自己竭尽所能成为自己能力范围内最棒的人水到渠成的结果。"篮球界传奇教练约翰·伍登这样认为。入选冰球名人堂的戈迪·豪(Gordie Howe)带领底特律红翼队 4 次捧得斯坦利杯冠军,他说:"当你付出百分百的努力时——无论最后是输还是赢,你都会发现自己的内心非常平静,你可以尽情享受一切,去获得充足的睡眠和休息。"

保持坚定的自信

杰出的表现取决于三种核心信念:你对体育运动、自己以及未来的看法。根深蒂固的自我限制信念往往是我们要克服的最大障碍。因此,要对自己进行积极的心理暗示:"我准备迎接这次挑战。""我正走在成为冠军的路上。""一旦我真的下定决心,我的前途将不可限量!"……用积极的自我暗示("只要不断地耐心练习,我就能掌握这个技能")取代消极的自我暗示("我永远无法掌握这个技能")。

冠军总是乐于从建设性批评中吸取经验。不管别人怎么不看好他们,他们始终相信自己。在 1980 年普莱西德湖冬季奥运会上，守门员吉姆·克雷格为美国队夺得了男子冰上曲棍球金牌，他在整场比赛中表现出了坚不可摧的自信。以下是克雷格在其著作《金牌战略：美国奇迹团队的商业经验》中对自信的重要性以及怀疑论者的错误的阐释：

> 要知道这个世界到处都是名不副实的专家。如果你想找一个怀疑你或愤世嫉俗的人，这很容易，要不了多长时间。相信你自己——即使你是唯一相信自己的人。

永远不要让别人的负面评论或自己对自身表现的不满随心所欲地肆意横行。此外，感觉自己微不足道或无能为力并不意味着这就是事实。正如高尔夫挥杆教练喜欢说的那样，你所感觉到的并不总是真实的。我们现在学到的东西可以改变我们过去学到的东西。打破自我限制的信念，试着去完成别人认为你无法做到的事情，并从中获得乐趣。把别人对你的否定转变成加倍的努力，你会收获更多。

管理你的缺陷

专注于自身的优势，并想方设法削弱自身缺陷所带来的影响。英国赛艇运动员史蒂夫·雷德格雷夫（Steve Redgrave）爵士连续获得1984年至2000年五届奥运会金牌。1997年，在被确诊患有Ⅱ型糖尿病后，他宣称："糖尿病必须与我共存，而不是我要与之共存。"雷德格雷夫对他的饮食的营养结构进行了必要的调整，然后继续坚持自己对奥林匹克卓越精神的不懈追求。不断努力削弱自身缺陷对你的雄心壮志的影响。请记住，真正的冠军表现意味着你必须竭尽所能做到最好。

忘掉错误，继续前进

在比赛时，请迅速忘掉犯下的错误。在像拳击或篮球这样非常依赖反应能力的运动中，这是至关重要的，因为纠结于一个错误常常会导致犯下另一个更大的错误。忘掉错误，继续前进。要想在拳击台上或篮球场中表现出冠军级别的水准，必须避免让此时此刻成为历史教训。

滑雪是另一项需要即时反应的运动。在 2010 年的温哥华冬奥会上，高山滑雪运动员林赛·沃恩（Lindsey Vonn）夺得速降金牌。她说："摔倒时，马上站起来，继续前进。"比赛结束后，你会感谢自己的失误，并从中吸取经验。

以下是一种流行的运动心理学技术，用于象征性地抛开那些在可以自行掌控节奏的运动（如棒球、垒球）中出现的错误：犯错后捡起一根草（或一块鹅卵石）；把这根草看作是现实中的错误；现在，扔掉草（即错误），重新关注眼前的目标。

失败是良师

入选篮球名人堂的迈克尔·乔丹，2枚奥运会金牌、6次NBA总冠军得主，是现代历史上最成功的运动员之一。然而，乔丹一直强调他的成功源于他的失败："在我的职业生涯中有9 000多次投篮未中。我输了将近300场比赛。有26次，大家将决胜球的希望寄托于我，而我失手了。我一次又一次地失败，而这就是我成功的原因。"

我们不得不承认，暂时的失误甚至失败是运动和生活中不可分割的一部分。正是通过这些失败和不断的冒险，我们最终才能成功。如果我们能够领悟失败教给我们的经验，并将其付诸行动，那么失败就是一位了不起的老师。继续努力，失败终将被成功取代。"一百次失误才换得一次正中靶心"是一句值得铭记的箴言。

打破偶像崇拜

欣赏你最喜欢的运动员，而不是把他们当作偶像来崇拜，否则你就会贬低自己和自己的表现。没有必要畏惧竞争对手或任何竞争。不要被任何人或任何事所吓倒。在比赛中遵循这句箴言："不要被不可能的事情所吓倒，要被可能的事情所激励。"

不管别人过去的成就如何，任何人都不是拥有特殊能力的超级英雄；相反，他或她只不过是另一个容易犯错的普通人。尊重每个人，但不要不尊重自己。

永远不要贬低自己，这样会削弱自己的能力。不要俯视别人，除非你正在帮助他们重整旗鼓，或者你正站在最高领奖台上与他们握手。

2000年，泰格·伍兹打破了1953年本·霍根（Ben Hogan）创下的纪录，取得了高尔夫球史上最好的年度成绩——赢得了9场锦标赛，包括3场主要锦标赛。然而，哈尔·萨顿（Hal Sutton）从未像其他同行一样公开表示过气馁。随后，他在2000年的球员锦标赛上击败了伍兹。

"泰格·伍兹并没有比比赛更重要，"萨顿在赛后说，"那天晚上我躺在床上，对自己说：'你知道吗？我没有向他祈祷。他不是神。他和我一样也是人，所以我们一定可以做到。'"

不要因为自负而不去寻求帮助

冠军渴望不断得到全面的提升。因此，为了进行必要的改进，要向那些具备独特技能的专家寻求帮助，如运动心理学家、执行教练、运动治疗师、运动营养师、运动医学医生、运动脊椎按摩师或其他接受过专门训练的人员。

寻求专家的帮助或支持并不是懦弱的表现。相反，这表明你是人，你想要磨炼自己的表现或改善自己的生活。例如，心理咨询师可以帮助我们更好地理解和解决任何可能会影响我们的表现的潜在的个人问题。

与他人尤其是能够帮助你实现目标的专家合作，不仅是你坚强的性格以及成为最好的自己的决心的体现，也会让你变得更强。正如一句日本谚语所说的："一日良师教导胜过千日独自苦学。"

奋斗产生力量

德国哲学家弗里德里希·尼采（Friedrich Nietzsche）有一句名言："凡是没能杀掉我的，终将使我变得更强大。"在一次关于这一原则的讨论中，我的一位客户开玩笑说："杀不掉我的，只会让我很恼火。"

是顺境还是逆境，皆在于你怎么看，怎么做。对不愉快的经历和事件加以利用，使它们成为你的优势，因为逆境无法避免。不要将逆境看作事态变严重的迹象，而应该将逆境当成吸取经验教训的机会，让自己在比赛中发挥得更出色。你是选择让逆境成为你比赛的障碍，还是选择利用它来增强自己的实力呢？

为了在逆境中变得更强大并获得胜利，必须积极面对生活中的挑战，不要避开它们或者希望永远一帆风顺。事实上，正是因为在我们前进的道路上存在需要我们学会处理的障碍和干扰，我们才能变得更加出类拔萃。

威尔玛·鲁道夫（Wilma Rudolph）是在逆境中获得胜利的典范，她的故事非常鼓舞人心——她克服了一些严重的童年健康问题（包括由于左腿残疾，在 6 岁时就需要使用金属支架），成了世界上跑得最快的女性。在1960年罗马奥运会中，她夺得了100米、200米和4×100米接力赛的金牌，成为第一位在单届奥运会中赢得3项田径赛事金牌的美国女性。鲁道夫说："没有奋斗就没有胜利。"

进入首发阵容

英国剧作家约瑟夫·艾迪森（Joseph Addison）在他的剧作《卡托，一个悲剧》（Cato, a Tragedy）中写道："我们不能保证成功，但我们能够让自己配得上成功。"这种哲学为如何应对替补角色的失望感提供了独到的见解。当事情还不是你想要的样子时，请耐心等待并坚持下去。以积极且富有成效的方式引导挫败感。无论是自主练习、团队训练还是研究比赛视频，都要尽你最大的努力变得更出色。继续努力训练并像自己是首发角色那样去表现，而不要陷入悲观的想法中（例如"这有什么意义呢？"）。当你是替补角色时，保持乐观的精神并全力支持你的队友。一边这么做，一边想象自己正在赛场上比赛。当轮到你上场时，请做好心理准备。

没有付出就没有收获

将你的野心、梦想和目标与现实紧密地结合在一起。进步和成绩需要努力和付出。如果你真心想要成功，那么努力和付出就没有那么艰难。你是为了练习而练习还是为了变得更出色而练习？要做出冠军级别的表现，就要明白"练习就是一切"，正如西雅图海鹰队的主教练皮特·卡罗尔（Pete Carroll）所说的那样。

有效的老式艰苦训练总会在未来的比赛中得到回报。在高质量的训练中，不断地磨炼你的所有技能和动作，直到这些都深深地刻在你的肌肉记忆里，并且能够在比赛场上本能地发挥出来。在训练中做足准备才能在比赛中取得最佳成绩。

消除劣势，发挥优势

确保比赛的方方面面都做了充分的准备，不要骄傲自满。不断消除自己的劣势，同时发挥自己的优势，就像历史上最伟大的投球手和击球手莉萨·费尔南德斯（Lisa Fernandez）那样，她为美国垒球队赢得了3枚奥运会金牌。费尔南德斯说："我把自己的劣势变成了优势，把自己的优势变得更突出。"把比赛中的劣势变成优势可能不怎么有趣，但它是取得进步的最快途径。

波士顿红袜队的二垒手达斯汀·佩德罗亚（Dustin Pedroia）的身高虽然只有5英尺8英寸[①]，但他在棒球场上可

[①] 1英尺≈30.48厘米，1英寸≈2.54厘米，5英尺8英寸≈172.7厘米。

谓战绩辉煌。佩德罗亚的职业道德促使他对自己所做的一切都全力以赴。2008年,佩德罗亚获得了美国棒球联赛MVP,他在他的著作《天才选手:我的比赛人生》(*Born to Play: My Life in the Game*)中是这样描述他在休赛期的训练方法的:

> 我试着尽情享受训练的乐趣,在休赛期建立足够支撑整个赛季的体能状态。我密切关注自己的饮食,并且一如既往地努力训练。在赛季中,你需要保持八个月良好的体能状态。在休赛期,你有三个月的时间来取得最大的收获,让自己变得更出色。

移动链尺

在美式橄榄球中,移动链尺意味着获得首攻。大步前进,不断推进码数,以便在前场朝着目标的方向移动链尺,不要止步于争球线。这并不意味着你会在每次控球时都得分或总能摘取胜利的果实。要想像冠军那样表现出色,就得不断努力使自己在思维、身体、技术和比赛策略各个方面变得更优秀。

我们都可以在心理上和体能上变得更加强大,并且在任何运动或健身活动中取得进步。你可以掌握你所从事的运动的技术技能,并学习如何把这些技能熟练地运用到战术情境中。无论是微小的还是重大的进步和学习经验都极具意义。有进步就是好事情,因为不积跬步无以至千里。记住这句话:"台上一分钟,台下十年功。"

"今天我能够做些什么来移动链尺呢?"这是一个需要我们扪心自问的至关重要的问题,答案可以是吃营养均衡的早餐,早点到达训练场地,或晚上睡个好觉。在前进的路上,始终保持积极、耐心和坚持不懈的态度。每个人都会经历不可避免的失误、挫折和瓶颈,不要放弃或屈服。你要认识到这些情况往往只不过是你表现过程中的正常变化而已。

在你的运动生涯中移动链尺是一个过程,而你永远不会知道具体什么时候这一切才能进展顺利。一些运动员在职业生涯早期就取得了突破性成就。NBA俄克拉荷马城雷霆队的前锋凯文·杜兰特(Kevin Durant)就是其中一个例子。他的个人成就不计其数,21岁就成为NBA史上最年轻的得分王,在2009—2010赛季中平均每场得分为30.1分。

保持乐观精神,因为一些运动员在成为超级巨星或达到最佳状态之前需要很漫长的一段时间。让我们来看看体育界的一些后起之秀:

- 百战不殆的重量级拳王洛奇·马西亚诺(Rocky Marciano)直到20岁加入军队时才开始接触拳击,25岁才转为职业拳击手。
- 入选名人堂的MLB[①]的投球手桑迪·库法克斯(Sandy Koufax)一直到27岁职业生涯都平淡无奇。
- 两次当选MVP和超级碗冠军的四分卫库尔特·华纳(Kurt Warner)在28岁时才第一次参加NFL。

---

① MLB,美国职业棒球大联盟(Major League Baseball)的英文简称。

- 中国职业网球运动员李娜在29岁时才赢得她人生的第一个大满贯赛事——2011年法网公开赛单打冠军。
- 高尔夫球届传奇人物本·霍根是有史以来最棒的击球手，多年来他一直在与挥杆问题做斗争，直到34岁才赢得了他人生9个大满贯中的第一个。

每一刻都是黄金时间

一些运动员在充满压力的情况下容易意志消沉，而不是撸起袖子加油干——无论是在大学篮球疯狂三月联赛第一轮的前几分钟赛点发球，还是要投进决定胜负的一球——因为他们过于重视他们的比赛，他们认为自己需要变得更加出色或与之前的情况相比有所不同。

然而无论情况如何，所需的心理和身体技能都是一样的。不断训练才能赢得冠军，赢得冠军需要不断训练。大型赛事并不需要什么特殊技能。尽可能地坚持常规的赛前准备工作。快速安排好一切，并让这些像日常习惯一样保持下来。

要想证明你是团队的一分子（或者在经历了一个糟糕的赛季之后想要戴罪立功）这种心态可以用来作为刻苦训练的外部激励。在比赛中，最好充分地展示自己的技能并尽情地享受比赛，不要给自己留下需要再次证明自己的遗憾。如果你保持自己的本色，一切都不会有问题。做最真实的自己，照常比赛，照常发挥。提醒自己：“这就是我，这就是我每天做的事情。”

热爱运动，享受比赛

太多运动员过分强调比赛结果，却不怎么重视享受当下。佩吉·弗莱明（Peggy Fleming）在1968年格勒诺布尔奥运会上夺得了女子花样滑冰金牌，她说："首先要热爱你从事的运动。永远不要为了取悦别人而运动。它必须是完完全全属于你的。"如果你只是为了取悦别人才从事这项运动，放弃它吧。重新定位自己的人生目标，做一些其他事情去探寻更多乐趣或个人意义。

乐趣是进行体育运动的主要原因。问问自己："在训练和比赛时，我玩得开不开心？"如果你觉得并不开心，你的哪些想法、感受和行为会妨碍你充分享受当下的体验？我们的目标是，在享受专注于某一运动的乐趣（不是愚蠢的乐趣）的同时发现自己在这项运动中的潜力。在追求梦想的旅途中，永远保持欢乐和激情。

牙买加短跑运动员乌塞恩·博尔特在不断追求卓越的同时，也在比赛中追求快乐。这有助于他在大型田径运动会上保持自由、放松和活跃的运动状态。2012年，博尔特成为第一个同时成功卫冕100米和200米短跑奥运会金牌的选手。他微笑着冲过终点线，在北京和伦敦奥运会上共斩获3枚金牌（100米、200米和4×100米接力赛）。这个拥有百万瓦特明亮笑容并会摆出"面向世界（To Di World）"的招牌动作的男人说过："玩得开心才能全力以赴。"

无条件接受自己

令人遗憾的是,许多运动员通过他们的比赛来定义自己作为一个人的价值。根据在某个比赛中的表现来衡量自己作为人的价值这种错误的认知是许多表现和个人问题的根源。你的价值不可估量。你不只是你所有表现成果的总和,因此如果你尽了自己最大的努力,那就不要感到难过或内疚。

告诉自己,无论比赛结果怎样,你都会一直欣赏自己,并因自己尽了最大的努力而坦然。"拿到金牌很美妙,但是如果没有它你就觉得少了点什么,那么即便你有了它,你也永远不会心满意足。"约翰·坎迪在电影《冰上轻驰》(*Cool Runnings*)中说道。拥有无条件的自我接纳会让你更加接近你的目标,因为那样你会处于一种迈向成功的理想心态。总而言之,可以给自己的表现打分,但不要评判自己。

练无止境,学无止境

享受劳动成果的同时也要继续在比赛方面下苦功夫。即使你已经努力做到最好了,也始终不要放弃寻求进步。做一个终身学习的人;不断进步,不断提高自己对优秀的标准。信奉"永远是学生"的禅宗思想。也就是说,即便是大师也需要明白,自己可以在自己已经擅长的事情上变得更加精通。学习和发展的意愿在实现个人卓越成就和取得最佳表现方面是极为重要的。

"永远是学生"就是要拥有成长型思维模式,这一概念由世界闻名的斯坦福大学心理学家卡罗尔·德威克(Carol Dweck)在其著作《终身成长:重新定义成功的思维模式》(*Mindset: The New Psychology of Success*)中提出。成长型思维模式是指你认识到自己的能力可以通过不断的努力得到提升。而固定型思维模式是指你认为自己的才能是一种"天赋",无法得到发展。通过了解自己哪些方面的表现有进步的空间,可以帮助你在运动中收获更多的成功和幸福。

埃德温·摩西(Edwin Moses)就是拥有成长型思维模式的典型代表。在他整个非凡的田径生涯中,他一直对自己从事的比赛项目抱着学习的心态。摩西在1976年和1984年奥运会的400米跨栏中夺得了金牌——由于美国抵制莫斯科奥运会,他无法参加1980年的比赛。在1977年至1987年期间,摩西取得了惊人的成绩,连续夺下了107场决赛冠军,并4次创下这一赛事的世界纪录。"我必须不断提高自己的技能,才能保持竞争力并赢得胜利。"摩西说。他进一步解释道:"我认为大部分(成功)取决于我们的思维模式,我碰到过许多人,他们可能在身体上更具天赋。但是我比他们聪明,比他们想得多,比他们准备得更充分。"

掌控你所能掌控的

美国神学家莱茵霍尔德·尼布尔(Reinhold Niebuhr)的

《宁静祷文》(*The Serentity Prayer*)是一个宝贵的工具,请添加到你的心理素质提升工具箱中。我们很容易在网络上找到并解决我们能够和不能够改变的问题。要想走得更远,我们最好要认识到在运动和生活中,大部分事情是无法改变的。

在情感上要学会从不可改变的事情中脱离开来,不要为了这些事情而分心,这有助于你保持正确的心态。不要胡乱臆测。"该是什么就是什么。"泰格·伍兹经常这么说。

不要让"无法控制的事情"影响你比赛的心态。这不仅有助于提升自己的表现,还会给予你战胜对手的竞争优势,因为他们不能适应相同的不利因素并因此而注意力分散且焦虑不安。

运动员唯一能够控制的就是自己的比赛。在运动中,我们无法控制的主要因素包括:

- 过去和未来
- 现场条件
- 天气
- 队友
- 教练
- 对手
- 裁判
- 观众
- 媒体
- 球的反弹
- 赛程表
- 比赛的重要性

保持良好的视角

认真对待你所从事的运动，但不要一碰到痛苦的失利或事态发展不如预期就不知所措。要意识到一个人的视角决定了他能看到的现实。因此，请通过确立和保持健康的视角适度参与运动，永远不要因为运动做出不理智的决定。将你的目光投向生活的大局，你会从失望中解脱出来，并把失望转化成决心。

香农·米勒是有史以来获奖最多的美国体操运动员。她总共赢得了16枚世界锦标赛和奥运会奖牌，并且是1996年亚特兰大奥运会金牌获得者"梦幻七人组"的成员。米勒的职业生涯可谓卓有成就，这与她一直能够保持良好的视角是分不开的。她说："我认为，从大局考虑而不是纠结于一场比赛，这真的非常重要。"

不断提醒自己："这只是一次比赛的表现，不代表我的整个职业生涯。""这只是一场比赛，不是我的全部人生。"从而在必要时重新确立恰当的视角。整个宇宙的命运并不取决于你下一轮比赛的结果。失败或表现不佳虽然令人失望，但没必要因此丧失斗志。

谢拉·陶尔米娜（Sheila Taormina）是唯一参加三个不同奥运会比赛项目的女性。她在1996年亚特兰大奥运会4×200米自由泳接力赛中夺得金牌，在2004年雅典奥运会铁人三项中位列第23名，在2008年北京奥运会现代五项全能运动中获得第19名。陶尔米娜与我分享了她是如何利用祈祷来管理比赛中的压力的。她说：

我一直在阅读圣经,并祈祷自己能正确地看待自己的运动表现。我为家人和朋友的健康祈祷,为世界上遭受苦难的人们祈祷,也为我的比赛无法给他们带去宽慰的人祈祷。这不仅有助于减轻我在运动表现方面的压力,也提醒我比赛并不是全宇宙的中心。我有幸能够拥有这样的机会;因此,我相信比赛需要勇敢的精神,而不是畏首畏尾。在北京奥运会上,两次射击之间(即在命令装子弹准备下一次射击之前)大约有30秒的时间,我会在这个时间内默念圣经祷文。

像对待别人那样对待自己

取得运动上的成功或实现健身目标已经够难了。不要再因为过度苛责自己(自己的进步、外表等)或认为自己不够出色(尤其是在你已经竭尽全力的时候)而雪上加霜了。恕我直言,放过自己吧,赶紧走出你的死胡同。

毕竟,如果亲密的朋友或关系好的队友在赛场上发挥得不好或是遇到了困难,你会鼓励他们,而不是批评他们。因此,无论是在场上还是在场下,都要像对待最好的朋友那样对待自己——不允许双重标准。如果你对别人很友善,对自己却很残酷,那就练习如何像对待别人那样对待自己!

做自己的忠实粉丝

路人粉对他们的球队的关注并不怎么密切,而季票粉丝或铁杆球迷则忠心耿耿,并对比赛表现出极大的热情。如果球队表现不好,路人粉可能会对球队发出嘘声,但季票粉丝在任何情况下都会为球队加油。

不要在自己的比赛和生活中做路人粉或晴天粉[①]。作为一名选手,记住也要做一个好粉丝,对你所知道的以及你能够做到的事情保持积极乐观的态度,无论你是接连获胜,还是经历了一场艰难的失败。

此外,对自己的团队要投入情感并积极支持自己的团队。你应该团结自己的团队——在整个赛季的每场比赛中都要为队友提供积极的支持,每个赛季都要如此。

表现出自己的专业素养

我们需要用热情来激励自己,尤其当我们在比赛中感到精疲力尽或落后于人时。然而,自我炫耀或沾沾自喜真的很倒人胃口,因为这让你看起来非常滑稽和业余。就像许多足球解说员所说的那样:"当你达阵得分时,要表现得像你之前达阵得分过一样。"不专业的行为通常会让你付出高昂的

[①] 晴天粉,英文为"fair-weather fan",指只在球队赢的时候才看比赛,输的时候就不看比赛的粉丝。

代价并且改变比赛的势头，让对手占据上风。

皮特·桑普拉斯（Pete Sampras）在其14年的ATP[①]巡回赛职业生涯中赢得了14个大满贯单打冠军，其中包括7个温网单打冠军。外号"挥拍王"的桑普拉斯打球的表现是一流的。他说："我用我的球拍说话。这就是我的一切。我只是赢了网球比赛。"

武术大师李小龙（Bruce Lee）曾经说过："知识给你力量，品格给你别人的尊敬。"永远努力把自己最好的一面呈现出来。当你在比赛中奋力拼搏或你的团队处于逆境中时，记住这一点尤为重要。尊重自己，也尊重他人。遵守比赛的礼仪和规则。你在场上和场下所做的一切都彰显了你的品格。确保你的行为举止始终符合规范。

以下是一些不应该出现在赛场上的行为：

- 生闷气/抱怨
- 大喊/尖叫
- 违反规则
- 扔东西或踢东西
- 对其他人粗鲁无礼或冷落怠慢
- 懒散或敷衍
- 在比赛中赢得小小的胜利（如投篮得分、射门进球、抢球成功）就表现得很夸张

[①] ATP，国际男子职业网球协会（Association of Tennis Professionals）的英文简称。

适应不舒适

我们的社会告诉我们生活中不应该有任何不舒适,因而当我们感到不舒适的时候,我们就会认为肯定是哪里出现了严重的问题。因此,我们往往会抵制那些一开始就让人不舒服的事情。然而,恰恰是这些让我们感觉有挑战的事情会让我们变得更强大,它们才是真正正确的事情。在运动中感到不适是我们实力增强过程中的重要经历。当我们学习一些新的东西时,比如高尔夫球的挥杆动作或美式足球的战术图解,我们可能会感到有压力、沮丧和不适,但这并不意味着出了什么差错或有什么毛病。正如著名运动心理学家肯·拉维扎(Ken Ravizza)所言,我们此刻的目标是"适应不舒适",不要变得悲观、消极或绝望,这些感受永远不会带来进步。

最佳表现与手中的沙子

在体育运动中,实现最佳表现就像试图让手中握着的沙子不要流失一样。如果你握得太紧,沙子会从你的指缝间被挤出来。如果你握得太松,沙子又会从你的拳头中漏出来。把沙子握得太紧就像对结果过度关注并迫不及待想要取得成果。把沙子握得太松就像不太关心结果且意志力比较薄弱。在大型比赛中,大多数运动员都会对结果保持适度的关注,这让他们获益良多,因此他们可以自由自在地发挥自己的才能。老子在《道德经》(Tao Te Ching)中写道:"为者败之,执者失之[①]。"

工欲善其事,必先利其器

有人说写作需要我们没完没了的改写。同样,运动需要我们不断提高自己的运动技能。不断在心理和体能训练中提升自己的实力。当你的运动技能有所提升时,再设法提高自己努力的质量,同时按照时间表坚持训练,尽可能不要中断。这需要你全神贯注地在训练中有意识地做一些正确的事情。

也许你听说过这么一句话:"如果输入的是垃圾,那么输出的也一定是垃圾(garbage in, garbage out-GIGO)。"要想实现冠军级别的表现,就要将 GIGO 转变为"如果输入的是金牌,那么输出的也一定是金牌(gold in, gold out)。"你训练时的工作质量(输入)决定了你在比赛中的表现(输出)。请记住,你投入多少时间训练不重要,重要的是你在训练时做了什么。

要把每次训练都当作增强自己体能和心理素质的机会——工欲善其事,必先利其器——这样才能在赛场上熠熠生辉。在文斯·隆巴迪的领导下,绿湾包装工队成了 20 世纪

[①] "为者败之,执者失之"翻译成英文为: He who acts, spoils; He who grasps, loses。

60年代一流的美国橄榄球队,在7年的时间里5次夺得世界锦标赛的冠军。隆巴迪告诉他的球员:"我们将不屈不挠地追求完美,虽然我们知道完美永无可能,因为天底下没有什么是完美的。但我们仍将坚持不懈地追求它,因为在这个过程中我们将会变得越来越优秀。"这就是引领你运动生涯的方式!

在比赛中不懈地追逐金牌,以提高你的体能和心理素质以及技战术知识。洛杉矶湖人队的得分后卫科比·布莱恩特(Kobe Bryant)是五届NBA总冠军。马克·斯图尔特(Mark Stewart)在他的《科比传记:得分不易》(Kobe Bryant: Hard to the Hoop)一书中分享了科比关于追求完美的想法:"我所做的一切都是为了追求完美……就算最终做不到,我也会不断接近完美。"每天努力争取在比赛中接近完美一点点,然后让你的训练成果在比赛中自然而然、无拘无束地呈现出来。坚持7P原则:适度的训练和准备会提升个人最佳表现(Proper Practice and Preparation Promotes Personal Peak Performance)!

好,更好,最好

你如何客观地评估自己的进步并实现成功?定期对比赛方案进行复盘以激发创造力、产生新想法,从而改善自己的表现。评估的内容涉及心理、技术和战术等方面。具体来说,就是问自己以下三个问题:(1)我做了什么不错的事儿？（2）我哪些方面还需要改进？（3）我应该做些什么改变才能发挥出最佳水平？在这个过程中，你可以对比赛的各个方面进行广泛而深入的思考。将你对上述问题的思考记录下来，让这些成为你的冠军日记。

在问完自己上述三个问题并记录下自己的回答之后（最好在比赛完24—48小时内），检查一下哪些对你不起作用，然后采取其他措施。关键是该表扬自己的时候就表扬自己并在训练中做正确的事情，以便让自己更上一层楼。从错误中吸取教训，这样就不会重复犯同样的错误（例如，你犯了一个错误，把它记在脑海里，然后想象一下正确的做法是什么）。定期回看你的日记，这样你就能知道自己的进度了。

以下是一位职业棒球运动员的冠军日记。正如我们从"保持坚定的自信"和"每一刻都是黄金时间"这些原则中学到的，冠军超越了普通运动员在理解自己和看待比赛方面的平庸。当形势对你不利时，你是否还能像"冰上奇迹"队的吉姆·克雷格对阵俄罗斯的球队时那样继续保持坚定的自信？你是否会像迈克尔·乔丹一样，从表面和暂时的失败中吸取经验，不断练习投篮直到成功？你是否正在进行有效的竞争？这些经验教训反映了顶级运动员是如何思考并一步步迈向成功的，所以比赛时请牢牢记住它们。

比赛：9/7 对阵洋基队

我做了什么不错的事儿？

- 候场时，我想象自己拿到球并将其打向左中或右中的间隙。
- 按照常规打法并稍加调整,我的击球质量有了提高。
- 集中精神进行均匀的深呼吸,从而放松身心。

我哪些方面还需要改进?
- 在赛场上出了差错后要迅速重新调整好状态。

我应该做些什么改变才能发挥出最佳水平?
- 出了差错后,告诉自己迅速回到比赛当下,专注向前。
- 在手套上写上"迅速返回"提醒自己。
- 要想球。想想:"把球投给我。"

第 5 章

锻炼、营养、疼痛、受伤和重生

> 我们的习惯造就了我们。
> 因此,卓越不是一种行为,而是一种习惯。
> ——亚里士多德(Aristotl)

坚持锻炼、均衡饮食、疼痛管理、损伤处理和重获新生有什么共同之处？它们都对运动表现至关重要，但通常得不到运动员应有的关注和重视。本章介绍了一些加深你对这些挑战的认识和了解的宝贵方法。此外，本章还提供了针对每个主题的实用策略以帮助你掌握一套精心设计的行动计划，从而迈向成功的巅峰。

制定并维持适合你的制胜策略

> 人生80%的成功靠的是上阵。
> ——伍迪·艾伦（Woody Allen）

所有人都知道，锻炼不仅有利于身体健康。研究清楚地表明，锻炼还对心理健康有着积极的影响。任何形式的身体活动都比没有身体活动好，因为从根本上来说，我们每个人骨子里都是运动员。生命在于运动！

无论你是业余运动员还是职业运动员，制定并维持一个适合自己的制胜策略是非常重要的。没有比赛时也要保持体形并照顾好自己，同时抱着"数年如一日"的态度。对于认真的运动员来说，坚持锻炼和健康饮食将使自己的身体一直处于最佳状态。

私人教练可以帮助你制订正确的锻炼计划来达到你的健身目标。马克·沃斯特根是国际公认的运动表现训练领域的领导者和创新者，他撰写了几本开创性的健身书籍：《核心区训练》（Core Performance）、《核心表现的要素》（Core Performance Essentials）、《核心耐力》（Core Performance Endurance）、《高尔夫的核心表现》（Core Performance Golf）和《女性的核心表现》（Core Performance Women）。这些书的内容浅显易懂，包含了各种重要的练习，并附带了清晰的插图。

登录沃斯特根的网站 www.coreperformance.com 了解有关如何变得更健康的最新重要信息。接受专家建议，跟踪报告，坚持营养计划，进行个性化培训。我向许多运动员提供过咨询服务，他们水平不一，但都表示喜欢阅读那些有关营养、伤害预防和运动表现等热门话题的教育博客。

迈克尔·博伊尔（Michael Boyle）是另一位杰出的健身人物。他在体能训练、运动表现提升和一般健身等领域是最著名的专家之一。他曾担任过波士顿大学的体能训练主教练，还担任过美国国家冰球联盟波士顿棕熊队和1998年美国女子冰球队的体能训练主教练。

2012年，在为我的"今日心理（相信才能）（Psychology Today）"博客进行的采访中，博伊尔分享了一些关于运用头脑和肌肉获得运动成功的深刻见解。在采访中,他描述了一种达成个人健身目标的明智做法,表达了他对防止职业倦怠等诸多问题的个人观点。博伊尔着重强调的一个主要方面是学习如何在长期作战中取得缓慢而稳定的进步。正如他下面所说的:

> 我认为最常见的误解是认为这很难做到。想想龟兔赛跑的故事,缓慢而速度稳定的乌龟最终赢得了比赛。缓慢而稳定的意思不是训练缓慢,而是进步缓慢。比如,开始健身的第一周,你做10次45磅空杆平板卧推。然后每周增加5磅(也就是每边各增加2.5磅),坚持一年,每个星期不间断。那么一年下来你可以做10次305($52 \times 5 = 260$;$260 + 45 = 305$)磅的平板卧推。说实话,这是不可能的,因为你会进入停滞期。现代社会大多数人都很忙碌,几周后就可能进入停滞期。

让我们换个角度来讨论坚持锻炼这一重要主题吧,因为你需要强身健体,才能应对参加艰苦运动或打一整个漫长赛季的严酷考验。以下几个方法有助于你坚持自己的健身方案,成为健身达人,从而帮助你实现冠军级别的表现。

带着目标和激情进行训练。 你必须非常清楚自己的目标、激情和使命。每次训练都多一点活力和热情。不要觉得一切理所当然。通过每天在健身房的努力和智慧来实现自己的运动或健身目标。记住,勤能补拙。

增加锻炼方式的多样性。 锻炼方式的多样性可以让你的身体运转顺畅,并且保持较高的动机水平。如何让锻炼既有趣又新鲜？你可以尝试综合格斗（MMA）训练、壶铃练习、跨栏或陡坡训练、健身球仰卧起坐等。锻炼方式的多样化可以让锻炼更有效、更有趣。

花时间进行锻炼。感到时间不够用是人们为自己不能经常锻炼找的主要借口。请记住，我们每个人每星期都有168小时。我们总能在早上或晚上抽一些时间在家里做一套完整或简单的锻炼，管理我们的身体。下决心去做一些事总比什么都不做要好得多。

向健身搭档寻求支持和鼓励。健身搭档可以帮助你坚持你的训练目标。约好时间在跑道、游泳池或健身房见面。锻炼时互相鞭策。这样你就很难逃过锻炼，因为你的"目标伙伴"需要你的出现来督促他。这样你们双方都能按计划锻炼。无论发生什么，都尽力与你的搭档严格遵守定期锻炼的计划。

将锻炼分成更易进行的几部分。这个方法有助于使你避免挫败感。每次只专注于其中一部分。热身的时候就不要担心后面的锻炼。这个方法也适用于比赛。例如，你可以将马拉松分成两个10英里（16公里）的跑程，最后以10公里收尾。对一个跑步新手来说，你可以把5公里分成3次跑完，每次跑1英里多一点点。

记录锻炼日志，使用锻炼日历。每个月都要记录你已经完成的锻炼总量。每按计划完成一天的锻炼任务就在当天的运动日志或日程表上贴一个小金点。这将成为你想达到的卓越的视觉证据，也会激励你继续努力实现自己的健身目标。此外，你需要一个可以用来制订锻炼计划的锻炼日历。

对自己的健康负责。当你将用词从"我尝试"或"也许"

改成"我会"和"我要"时,你就会改变自己的行为。我们的积极性总是起伏不定,但当你采取实际行动时,这是无关紧要的。因此,假装自己很有动力(即多做一些表明自己有动力的事情),不断前进,并击败任何潜在的阻力,无论这种阻力是来自精神上还是身体上。你会发现,通常当你努力去锻炼时,你的积极性才能被充分调动起来,而在此之前你是无法做到的。

把自己当作冠军。经常锻炼会让自己感到更有活力,并且自我感觉更加良好。在跑道、游泳池或健身房大显身手,享受内啡肽带来的快感。享受这种体验。之后,你会体会到获得金牌一般的美好感觉。事实上,经常锻炼是你可以给自己最好的礼物之一,因为它会带给你诸多精神和身体上的好处。所以坚持你的锻炼方案,直至它变成了你的生活方式。

吃出快乐,吃出精彩表现

> 智者认为健康是人类一切福气之最。
> 让食物成为你的药物。
> ——希波克拉底(Hippocrates)

均衡的营养对提高运动表现和生活质量的重要性绝对不容小觑。"你的身体是一座神殿,但只有当你把它当作神殿的时候它才是神殿",这是一句令人深思的话。照顾好你的神殿,你的神殿才会照顾好你。精心照顾好自己的身体还会使你更具活力,灵敏性更强,并且更加专注于训练和比赛目标。任何人都无法在饥饿或是口渴的状态下还能将注意力集中在日常活动上或在训练中表现超群。

约瑟·安东尼奥（Jose Antonio）博士是国际运动营养学会的首席执行官。我请他给我分享那些他向职业运动员传授的有关营养的建议。安东尼奥的建议如下：

> 在执行剧烈的运动训练计划时，补充适当的运动营养对改善身体成分和表现至关重要。在运动营养方面，运动员应该追求"改善"而不是"完美"。关键是要注重摄入瘦肉、健康脂肪和未加工的碳水化合物。此外，使用肌酸、丙氨酸和蛋白质等某些补充剂（特别是训练后）是增强运动效果的有效方法。

考虑营养问题时要努力做到真正的用心。充分认识到培养冠军饮食习惯的重要性，这样才能在吃东西时做到既享受美食又兼顾训练。许多运动员连续好几个星期都吃同样的东西，而没有仔细考虑他们到底往自己的身体里装了些什么。另外一些运动员虽然饮食均衡，但食物在他们的嘴巴里就像进入了自动咀嚼器——他们并没有真正地享受食物——因为在这非常艰苦的日子里，他们的精神高度集中，完全沉浸于眼前所进行的一切。

以下建议旨在发展出一套针对营养更有效的方法，帮助你与你所摄入的食物建立更健康的关系。

制订成功的膳食计划。了解更多关于运动营养的信息，并寻求关于食物选择的具体建议。运动营养师可以帮助你制订一份个性化的膳食计划，其中囊括了各种各样的食物。提前决定好每星期要在超市里购买的食物,而不是在货架上看到什么食物就买什么食物。一定要时不时犒赏自己一天(或一顿)垃圾食品。

随身携带健康零食。忙碌的运动员有时会在晚上大吃大喝,因为他们白天没有吃饱。为了持续补充能量,可以随身携带一些健康零食,如坚果、葡萄干和香蕉。这些会有助于维持你一整天的血糖水平。此外,记得随身携带一瓶水。

注意细嚼慢咽。在进食时让食物激活你的感官。你闻到煮熟的食物的香味了吗?你在食物中尝出调料的味道了吗?你是否能感觉出舌尖上的食物的口感?全神贯注地品尝食物,细嚼慢咽地享受每一口美味。如果发现自己吃得太快的话,可以数一数咀嚼的次数,这有助于你减缓进食速度并用心品尝自己正在吃的东西。

喂养心中的好狼。在探讨自我暗示这个主题时,我们强调不要对自己说让自己内疚自责的话。这一点很重要。刚吃完东西就感到内疚就是在喂养大坏狼。如果你决定多吃点或点一份喜欢的甜点,那就告诉自己这是一个经过深思熟虑的决定,然后尽情地享受那些喜欢的美食。彻底接受自己的选择,永远不要为自己刚吃的东西而懊恼。

消除环境的影响。我们的饮食行为往往在不知不觉中受到我们周围环境的深刻影响。倘若我们一边吃饭一边看电视或听吵闹的音乐,或者一起用餐的同伴吃饭速度很快,我们就会下意识地吃得很快。了解影响你饮食行为的因素可以帮助你学习如何慢慢进食以及更加享受这一过程,因为你可以控制自己的饮食习惯。

避免饮食失调。许多运动员非常关注体重、身材和体形以及外表的其他方面，尤其是像体操和滑冰这类需要人的主观印象打分的体育运动，像跳水和游泳这类穿着比较暴露的体育运动，像越野赛这类讲究耐力的体育运动，以及像摔跤这类对体重有所要求的体育运动。导致运动员饮食失调的其他风险因素包括早年节食和完美主义的人格特质。

过分控制卡路里的摄入和通过大量锻炼消耗卡路里这样的做法本身就有问题，更不用说彻底解决问题了。如果你发现自己有这种想法（以及限制饮食或暴饮暴食的行为），请立即寻求专业指导，因为这可能造成更大的伤害、生长发育和心理功能受损以及包括骨质疏松症在内的严重健康风险。此外，这不是你吃什么的问题，而是你需要解决困扰自己的问题的问题。在这些担忧变成更难处理的问题之前，统统将它们扼杀在萌芽状态。

往你的油箱里加满顶级赛车燃油。把你的身体想象成一款性能一流的NASCAR[①]赛车。比赛时，往你的油箱里加满顶级赛车燃油以获得最大的动力和速度。你把什么放入你的身体里将决定你在赛场上的表现。这个时候不适合选择未曾尝试过的食物：不要尝试新的能量棒或能量饮料，因为它们会让你的胃不舒服。只能在训练而不是比赛之前尝试新的食物和饮料。

---

① NASCAR，美国赛车协会（National Association of Stock Car Auto Racing）的简称。

疼痛管理：理智应对疼痛

> 从开始到结束，只伤了一次……
> ——詹姆斯·康西尔曼（James Counsilman）
> 58岁横渡英吉利海峡之后说

在任何运动或日常锻炼中，你的成功大部分取决于你如何处理非损伤性疼痛、悲伤、疲倦和不适。要想在训练过程中改善和提高自身表现，身体上各种各样的疼痛在所难免。三届奥运会金牌得主杰西·乔伊娜-柯西（Jackie Joyner-Kersee）说得非常好："任何运动员都会告诉你：受伤对我们来说很正常。我要我的身体完成七项不同任务，还要求它不能疼痛就太过分了。"

阿伦·艾弗森（Allen Iverson）曾经是费城76人队的全明星后卫，他被认为是"篮球场上最伟大的小个子"。此外，鲍勃·库西（Bob Cousy）和纳特·阿奇博尔德（Nate Archibald）也是小个子超级明星。艾弗森身高仅6英尺（约1.83米），体重只有165磅（约74.84千克），却是NBA中一名响当当的硬汉。"受伤是家常便饭，"他说，"你要试着忍着不去想它。让你的肾上腺素帮你打比赛就可以了。"

最重要的是要明白，强烈的不适感往往是实现个人成就要付出的代价。大多数剧烈的体育活动，如摔跤、游泳、骑行、登山和跑步等，在很大程度上都会让人感觉很难受。但千万不要忘记，在痛苦的另一面，还有一个充满快乐、骄傲和满足的美妙世界。在历尽艰辛实现目标之后就能迈进这个世界。

比赛的最后几英里所感受到的极度疲劳被称为"撞墙",这通常出现在长跑或自行车比赛中。在不损害自己的健康或者冒着(或加重)受伤的危险的前提下,你必须学会深入挖掘自己的潜能并最后再提一次速,这样你才能突破障碍,抵达终点。安·特拉森(Ann Trason)是美国超级马拉松运动员,在其职业生涯中创造了20项世界纪录,她说:"受伤到一定程度之后,再糟糕也糟糕不到哪里去了。"

铁人三项(游泳1.5公里,自行车40公里,跑步10公里)在2000年悉尼奥运会上首次亮相。2004年,在雅典奥运会的第二届铁人三项比赛中,美国选手苏珊·威廉姆斯(Susan Williams)以2小时5分8秒的总成绩排名第三;她是唯一一位登上奥运领奖台的美国铁人三项运动员。2012年,在为我的"相信才能"博客进行的一次采访中,苏珊分享了她在训练和比赛期间是如何处理非损伤性疼痛的:

> 我从游泳这项运动中明白,只有努力奋斗才会变得更出色。在训练中,我不会退缩,因为我想成为最好的自己。我想要在比赛中轻松胜出,因为我知道自己已经尽了最大努力。如果我退缩了,我不仅会对比赛感到非常不满,也会对自己感到非常失望。

日本畅销小说家村上春树(Haruki Murakami)在其回忆录《当我谈跑步时,我谈些什么》(What I Talk About When I Talk About Running)中说过,如果没有专注力和耐力,单靠天赋成不了大器。他还分享了在62英里超级马拉松中助他顺利完成比赛的口号:"我不是人!我是一架机器。我没有感觉。我只会前进!"

有很多种技巧可以帮助你提高疼痛耐受力,度过疼痛期,甚至坦然接受它。但如果生病或受伤(疼痛剧烈、脑震荡、韧带撕裂)了,你必须尽早休息,身体恢复后再继续训练,等待下一次获胜的机会。

与受伤相关的问题或疑虑,尤其是脑震荡方面的,请务必咨询你的运动医学团队。脑震荡后即时评估和认知测试(Immediate Post-Concussion Assessment and Cognitive Testing—ImPACT)是脑震荡诊断和评估的黄金标准。想了解脑震荡意识和管理方面的重要信息,请访问www.impacttest.com。在这个网站上,你可以了解脑震荡的常见征兆和症状,找到有关脑震荡的重要研究和出版物,并知道在治疗脑震荡方面有哪些权威医生。

本书提供的策略旨在帮助你应对强体力活动中出现的疼痛或不适。我们绝不能忽略潜在的健康问题,进一步伤害自己,或是隐瞒以往的疾病或损伤使自己的状况越来越糟糕。与教练和运动医学团队就损伤预防和治疗好好沟通,从而做出明智的决策。牢牢记住自己的长期运动目标。

解决疼痛和不适的关键是找到一种对你和你所从事的运动都既有针对性又有作用的方法。克服疲劳,恢复精力,保持速度,重新出发。

一定要注意维持艰苦的训练或比赛与充足的休息和恢复之间的平衡。以下几个疼痛管理策略可以帮助你最大限度地提高耐力,实现最佳表现。

在运动过程中监测自己的身体反应。定期检查身体和目前的进度,以便做出适当的调整。从头到脚扫描自己的身体,找出紧绷的地方,然后进行放松。让肩膀没有紧张感。

多多自我反省,问问自己:"我是否因为太急躁(或太迟钝)而无法实现最佳成绩?""我是否能够坚持合适的技巧,尤其是在疲劳的时候?""剧烈运动时,我是否会及时补充能量,以免耗尽体内储存的糖分,最终导致身体崩溃?"

在马拉松比赛中,有经验的选手经常警告新手,在经过数月的期待和艰苦训练后,不要因为兴奋而跑得太快。新手的赛前计划可能会落空,最终以狠狠"撞墙"收场。要牢记"始终坚持赛前计划"。

把注意力放在让你感觉良好的事物上。锻炼时要专注于运动的乐趣,保持正确的姿势和良好的呼吸方式;不要在意腿部或手臂的烧灼感,尤其是在锻炼刚开始或快结束的时候。

一位跑步精英与我分享了他的策略。在进行 400 米反复跑的训练中,他会把注意力都放在自己的眼睑上。当我问他为什么要这么做时,他笑了笑,然后解释道:"在跑 400 米时,眼睑是我整个身体唯一不会受到伤害的地方。"一位耐力型运动员告诉我,当比赛陷入困境时,微笑能够帮助她缓解痛苦,并且感到更加快乐。

将消极的想法转变为积极的想法。消极的想法("这会伤害我""我不想这样做")会让你速度变慢,肌肉绷紧,从而加剧疼痛感。在艰难的处境中,把笑容挂在脸上,并一遍又一遍地对自己说一些积极鼓励的话,如"一定要坚强""勇敢起来""战胜它""放轻松,加快速度"或"放轻松,继续前进"。

坦然接受糟糕的事物。这是美国军事训练要求士兵采取的态度，你可以拿来为己所用。这意味着你必须接受在努力拼搏以及突破以往感知极限的过程中所产生的种种不适。接受挑战。享受奋斗。

聆听喜爱的音乐。音乐可以让你心情愉快，是舒缓运动中产生的各种不适的有效手段。定期往你在跑步或健身时使用的播放列表中添加新的歌曲，这样就不会总是重复听那几首老歌。但也要保留那些你最爱的歌曲，因为一次又一次地聆听它们可以鼓舞你，并提醒你迈向成功。

通过想象减少疼痛的感觉。例如，游泳运动员在水中时可以这么想象，疼痛正漫过她的全身，然后看到自己逐渐将疼痛抛在身后。跑步运动员则可以想象自己是一辆超强坦克，一旦前进就不能慢下来或停下来。

专心致志完成任务。将全部精力都集中在运动上，其他一切就会消失，包括痛苦。乔治·福尔曼（George Foreman）是奥运会金牌得主，并且2次夺得世界重量级拳王冠军，他说："如果我满脑子想的都是我非常想要的某样东西，那么在得到这个东西的过程中我是感受不到任何痛苦的。"

做好此时此刻你能做的事情。戴维·斯科特（Dave Scott）六度夺得铁人三项全能世界冠军，在比赛期间他会不断跟自己说："做好此刻我能做的事情。"也就是说，此时此刻，保持积极的态度，尽力而为就可以了。斯科特的口号也会对你的比赛和训练有所帮助。

你在培养心理毅力的技巧方面越熟练，就越不可能让疼痛妨碍你的抱负——无论是实现特定的健身目标、赢得比赛、攀登高峰，还是简单地享受运动以达到最佳水平。如果你能够学会如何真正克服你所感受到的疼痛，卓越的成就指日可待。

受伤时，动动脑筋

逆境有助于一个人了解自己。

——佚名

运动损伤是所有运动员的共同挑战。运动损伤分为创伤性损伤（硬物触碰所致）或过度使用损伤（累积性劳损）。防止损伤最好的方法是保持良好的身体状况（休赛期打下坚实的身体基础），坚持合理的热身活动，研究合适的技术，提高各种心理技能，降低压力水平。

在个人或职业压力下，肌张力会上升，注意力会下降，从而导致情景意识减弱。因此，你更有可能错过环境中的线索，导致反应迟缓。管理好你在场下的生活压力可以降低你在赛场上受伤的可能性。

新英格兰爱国者队四分卫汤姆·布拉迪（Tom Brady）在 2008 年 NFL 的第一场比赛中膝盖受伤（左膝的前交叉韧带和内侧副韧带撕裂），以致他缺席了那个赛季余下的所有比赛。不过，2009 年他就重返赛场，并再次发挥稳健，就像他根本没有错过任何一场比赛似的。布拉迪没有去担心刚恢复的膝盖，而是把注意力都放在如何达阵得分上。布拉迪也因在赛季首战中的表现当选那一周 AFC 最佳进攻球员，以 25∶24 的比分击败布法罗·比尔（Buffalo Bills）。

2011年，圣路易斯红雀队的强击手艾伯特·普荷斯（Albert Pujols）在对阵堪萨斯城皇家队的比赛中，第一垒的冲撞导致他的左手腕和前臂骨折。但他比预期早很多就回到了球队，并在受伤后不到两个月就在圣路易斯的布希体育场击出了迄今为止最长的全垒打——约465英尺。

红雀队因此获得外卡参赛资格，在该赛季的最后一天晋级季后赛，并在前往世界职业棒球大赛的途中击败了费城的费城人队和密尔沃基酿酒人队。然后红雀队在7场比赛中击败了德州游骑兵队，完成了他们激动人心的冠军之旅。

主要韧带撕裂不再像几十年前那样会给运动员的职业生涯带来无可挽回的损害。NBA全明星大前锋布莱克·格里芬（Blake Griffin）、MLB全明星外野手安德烈·埃里耶（Andre Ethier）、NFL全能跑卫艾德里安·彼得森（Adrian Peterson）以及UFC次中量级冠军乔治·圣-皮埃尔近年来都进行过膝关节修复手术，但最后都恢复到了最佳状态。圣皮埃尔在右膝前交叉韧带撕裂后，进行了手术和各种康复治疗，花了19个月时间才重新返回赛场。2012年11月17日，在蒙特利尔举行的UFC 154主赛中，他跟卡洛斯·康迪特（Carlos Condit）激战五个回合，裁判一致判赢，最终取回他的腰带，胜利回归八角擂台。

克服中度或重度损伤的情绪和身体挑战需要有效解决康复的心理方面的问题。心理方面的问题特别具有挑战性，因为运动员除了必须要应对身体的疼痛之外，还要处理由于暂时停赛以及无法发挥出伤前水平而产生的情绪上的痛苦。

任何运动员的目标都是成为伤病的主宰，而不是让伤病主宰自己。带着通往卓越之路走进训练室，让康复成为你的新运动直至复出为止，这样你将会很快重回赛场。以下是关于如何在康复这场内在较量中成为赢家的几点建议，以便你能够成功回归赛场。

认识和了解丧失的五个阶段。人们在严重受伤之后通常（但并非总是）会经历五个常见的阶段。第一个阶段是震惊或否认阶段（"真不敢相信会发生这种事儿！"）。第二个阶段是愤怒阶段（"为什么是现在？""这不公平！"）。第三个阶段是讨价还价阶段（"要是……多好。"）。第四个阶段是沮丧阶段（"康复没有什么用，何必多此一举？"）。第五个阶段是接受阶段（"这不是最好的局面，但我会尽力妥善处理好眼前的一切。"）。

团队同心协力，互相激励和支持。例如，寻求医疗专业人员的帮助，并得到家人、朋友和队友的鼓励。关键是要说出自己的感受，不要把它们压抑在心里。不要太自负，必要时要与心理咨询师谈谈。康复是一个个体过程，每个人都不尽相同，但这并不意味着你必须独自进行康复。

耐心是良药。要有极大的耐心，也要坚持不懈，尤其当恢复过程漫长而缓慢时。如果你不尽全力进行康复治疗，只会让你的痊愈时间延后。如果你过度进行康复治疗，可能会很快再次损害自己的健康，让事情变得更加糟糕。遵循运动康复师和医生的建议。换句话说，当你提出问题或表达自己的担忧时，听从专家的意见。相信这个过程可以给你带来想要的结果，而且这种可能性很大。

激发你的想象力。每天花几分钟时间想象受伤部位正在愈合，变得更强壮并恢复正常。当你觉得受伤的地方疼痛时，想象一下它被冰袋敷着或被治愈的颜色包裹着。每天花些时间研究比赛视频或想象自己正在施展运动技巧。这会让你在身体能力恢复期间心理运动能力大幅提升。

在 2000 年美国奥运选拔赛最终训练期间，跳水运动员劳拉·威尔金森（Laura Wilkinson）的脚断了 3 根骨头。在无法跳水的 2 个月康复期中，威尔金森每天都想象着自己在尽情跳水。尽管威尔金森的脚尚未痊愈，但她还是获得了悉尼奥运会的参赛资格，并夺得了金牌。

将负面转为正面。 与你的运动医学团队合作，去寻找一些可以充分利用康复时间的创新方式，如锻炼或做自己爱好或感兴趣的事。如果你的下半身受伤，可以通过举重或使用手部测力计来锻炼你的上半身。如果你的上半身受伤，可以通过举重或使用健身脚踏车来锻炼你的下半身。保证充分的休息和睡眠，坚持健康的饮食，从而保持良好的自我保健习惯。

从停滞和挫折中获得力量。 始终相信所有挫折都是卷土重来的机会。在康复过程中，用乐观的态度应对低迷期或停滞期。谁也无法在一夜之间就痊愈，康复的过程甚至会反反复复。你的期望不断在变化，状态也时好时坏，这些都是康复过程的一部分。坚持再坚持！

让我们通过想象以下场景来结束这一小节：一个学生运动员最近由于三级踝关节扭伤被迫停赛。在这样极具挑战的困境中，冠军会做出怎样的反应并如何赢得这场康复比赛呢？学生运动员在返回赛场之前可以像真正的冠军那样把康复治疗视作一种新的运动。换句话说，她应该像对待其他任何运动挑战一样对待康复过程，正面迎接挑战，不要屈服于恐惧和疑虑。

她应该把康复训练室当作比赛场地,在那里以最佳的心态尽自己最大的努力去康复;遵循她与运动康复师和医生一起制订的康复计划;用功读书,在课堂上表现优秀;与家人、朋友、教练和队友交流并得到他们的支持;保证充足的睡眠和休息,促进康复过程;想象自己再次与队友一起在赛场上奋战或进行相同训练。采取这些强有力的措施将确保她在获得运动医学团队的准许后,能够胸有成竹地回归赛场。

重生:放松身体才能从中受益

> 放松意味着释放所有的担忧和紧张,
> 让生命自然流动。
> ——唐纳德·柯蒂斯(Donald Curtis)
> 著名作家兼演说家

冠军认为重生是可持续成功的关键之一。一个人需要在精神上放松,并让身体在艰苦的训练之后得到休息和恢复。将训练视为阳,重生视为阴。过度训练以及恢复不好这种蜡烛两头烧的做法会导致整个人精疲力竭,并增加受伤和疾病的风险。当你觉得疲惫的时候,高效发挥和清晰思考的能力都会大打折扣。NFL 传奇教练文斯·隆巴迪警告说:"疲劳会让所有人变成胆小鬼。"

放松训练是重生的必要组成部分,这对抵消一整个赛季以来的劳累尤为重要。要找到最适合自己的放松技巧以缓解身心疲惫。每天练习深度放松有助于你让思绪平静下来,并把身体的紧张感降到最低。记住中国古代哲学家老子关于防微杜渐的告诫。当你意识到紧张和压力开始累积时，请努力释放它。

用深度放松给你的大脑和身体充电。除了使用 15 秒呼吸法之外，还可以尝试其他各种各样的方法。例如，用心理意象法进行深度放松。在开始训练之前，躺在家中你最喜欢的椅子上或更衣室的长凳上，一边慢慢地深呼吸 10 分钟，一边想象你的身体正飘浮在空中或躺在热水浴缸里。确保你的手机处于关机状态。享受静默之美，让思维变得更清晰。

花些时间消除紧张情绪，远离运动，然后再重新开始训练。尝试偶尔休息一天，除了让你的身体休息和恢复活力以外，不带其他任何目的！此外，请在你的日程中安排一些轻松的活动。你在空闲时间里喜欢做什么？你最大的兴趣和爱好是什么？放松身体，远离训练，这样你才能够在训练时让自己的身体获益。要想像冠军那样表现出色，就要充分地休息，并为所有训练和比赛做好准备（请参阅附录Ⅱ，了解睡眠秘诀）。

小睡一下可以获得最佳表现。想象一下，有一天，你头脑昏沉，脚步沉重——也许你一夜没睡好。但是你没有时间偷懒了，你这一整天都被安排得满满当当，包括去健身房锻炼。你有点纠结要不要小睡一下。如果你决定午睡一会儿，那么应该睡多久呢？长时间的午睡会不会更好呢？

澳大利亚心理学家安布尔·布鲁克斯（Amber Brooks）和利昂·莱克（Leon Lack）2006 年的一项研究结果显示，对睡眠时间在 5 个小时之内的参与者而言，与不午睡或午睡 5 分钟、20 分钟和 30 分钟相比，午睡 10 分钟最有助于恢复精力（提高认知能力、活力和清醒程度）。当你在找自己的最佳小睡时间时，不妨参考一下这一研究。请记住，倘若你疲惫不堪，需要在没有化学药品助力的情况下迅速提升表现，小睡确实会有所助益。

尝试渐进式肌肉放松训练（Progressive Muscle Relaxation—PMR）。这是一种有助于实现深度放松的强大而流行的技巧。PMR 是指系统地让整个身体的各个肌肉群在紧绷和放松之间交替，每次训练一个肌肉群。绷紧之后再放松肌肉会使肌肉比之前更加放松。你需要具备很好的自我意识才能控制肌肉紧张度，因此在提高专注力的同时，这个训练还将有助于你注意到紧张和放松两种截然不同的感觉之间的差异。

这一技巧的关键是要将每个肌肉群收缩至约 50% 的紧张度——这样既不至于太用力而伤了自己，又足以让你感受到紧绷感。每次保持收缩状态 6—8 秒，然后慢慢释放，让肌肉得到彻底的放松。当肌肉绷紧时，缓慢而深深地吸气；当肌肉放松时，慢慢地把气全部呼出来。

无论是 PMR 还是身体扫描（每次只关注身体某一个部位的感觉），按照从头到脚的顺序进行放松练习效果都是最佳的。为什么呢？因为大脑是身体的主宰，所以如果你从最紧张的头部开始逐渐向下放松（而不是从脚底开始）的话，其他肌肉群就会像忠实的员工一样跟随头部。从头到脚慢慢地向下收缩和放松你的肌肉群，直至全身。

你可以使用 PMR 训练，让身心得到放松。跳过劳损或受伤的肌肉群（或者只是在想象中放松这些部位），如果你有健康或受伤方面的问题，在做这个训练之前请先咨询一下医生。

入睡前，舒服地躺在床或躺椅上，穿着宽松的衣服，调暗或关掉顶灯，手脚自然平放不交叉，然后轻轻地闭上眼睛，做好 PMR 训练的准备。

开始时做 3—5 分钟的深呼吸。注意用鼻子吸气，嘴巴呼气，以放松身体，释放压力。抛掉烦恼或担忧；你没有其他事可做，不必成为什么大人物，也没有什么地方要去。

额头：抬起眉毛，皱起额头。保持额头和头皮的紧张……注意这种绷紧状态……然后放松。舒展你的额头。

面部：通过闭紧双眼、皱起鼻子、绷紧脸颊和下巴来收紧面部的肌肉。让你的面部保持紧张……然后放松。

肩膀：耸起肩膀至耳朵处，然后保持这个姿势。感觉到张力达到顶点……然后垂下肩膀，回到舒适的位置。

背部/胸部：稍稍拱起背部，收紧背部的肌肉。感觉到背部收紧，肩膀和胸部向外拉伸。保持这个姿势……然后放松下来，换成舒服的姿势。

肱二头肌/前臂：弯曲双臂，收紧肱二头肌。多收紧一会儿……专注于这种紧张状态……然后放松。

右手/手腕：右手紧握成拳头。感受手部和腕部的张力。注意右手的绷紧状态和左手的松弛状态之间的对比。再坚持一会儿……然后放松。

左手/手腕：左手紧握成拳头。感受手部和腕部的张力。注意左手的绷紧状态和右手的松弛状态之间的对比。再坚持一会儿……然后放松。

后腰/臀部：专注于臀部的肌肉。收紧这些肌肉。保持绷紧状态……然后放松。

大腿/小腿：抬腿伸直，离地面几英寸，绷紧大腿，勾起脚掌让小腿紧绷，从而收紧腿部的所有肌肉。保持这个绷紧的姿势……然后放松。

大腿/胫部：再次抬腿伸直，离地面几英寸，绷紧大腿，脚掌绷直让胫部紧绷，从而收紧腿部的所有肌肉。保持这个绷紧的姿势……然后放松。扭扭脚趾头。

做完之后，你会彻底陷入躺椅或床中，肌肉变得越来越温暖，越来越沉重。你会变得越来越放松，享受你此刻体验到的深度放松。继续缓慢而有节奏地深呼吸。如果你喜欢这种感觉，可以继续重复这10个步骤，或者对需要额外注意的特定肌肉群做放松练习。如果你躺在床上你就会渐入梦乡，如果你继续你的一天你就会觉得十分放松且神清气爽。

除了PMR之外，还有几种更有效的方法可以立刻释放压力，如脸上挂着灿烂的笑容，练习行禅或坐禅，抖动手臂和双腿，上下跳动，往脸上泼冷水，哼曲子，捏网球等。

现在，你已经掌握了坚持锻炼，均衡饮食，疼痛管理，损伤处理和重获新生所需的知识和心理工具。为了继续向前，你要让身体摄取适当的营养，坚持健身训练，克服疼痛和不适，受伤时动动脑筋赢取康复比赛的胜利，并抽出时间积极进行恢复，这样你才能凭借清醒的头脑和健康的身体高水准完成本赛季的比赛。随着你在运动生涯中不断取得进步，为了达到目标，你将会越来越需要学会应对这些问题。了解了这一点，你能不密切关注这些与你的表现紧密相关的因素吗？

第 6 章

掌控你的个人命运

人的命运在自己的灵魂中。

——希罗多德（Herodotus）

本章有许多既有趣又重要的心理学研究，从心理层面揭示了如何实现个人成长以及运动表现的提升。本章介绍了运动心理学以及其他心理学领域的几个经典或前沿研究。例如，你将了解到对所有运动员来说至关重要的其他内容，如避免团体迷思的必要性（"小心你的团体迷思"），延迟满足的意义（"你能通过棉花糖测试吗"）以及社会促进的益处（"让我们结伴而行"）。你将会培养出更强的思考、感受和行动能力，从而在运动和生活中取得伟大成就。

小心你的团体迷思

研究表明，从众思维可能会导致决策能力下降，这对你的运动生涯相当不利。因此，我们有必要了解人们是如何轻易地陷入团体迷思的，以及为何个体要像冠军一般表现这种思考方式是很重要的。研究心理学家艾尔芬·詹尼斯（Irving Janis）在1972年创造了"团体迷思（groupthink）"这一术语，用来描述"在团体决策过程中，团体成员为了努力追求一致性而不能现实地评估其他可行办法的一种思考模式。"

1951年，社会心理学家所罗门·阿希（Solomon Asch）和他的同事们以大学生为被试进行了一项关于群体从众性的研究。被试被安排坐在一间教室里，然后告诉他们正在参加视力测试。每组除被试外都有5—7个"实验者同谋"（提前知道这个实验）。

每次测试，先向小组成员展示一张白色的大卡片，上面画着一条垂直黑线；接着再拿出另一张卡片，上面画有三条长短不一的垂直黑线——分别标记着"a""b"和"c"。小组成员要指出三条线中哪一条与第一张卡片上的直线长度相同。然后再向该小组展示另一组卡片。不断重复这个过程18次。

在每次测试中，每个小组的被试都被安排最后回答问题。在前两次测试中，实验者同谋会给出正确的答案。然而，在18次测试中有12次，实验者同谋会按照指示给出明显错误的答案。这些测试的目的是观察被试是否会赞同错误的答案，顺从其他小组成员的观点。

这个实验的结果表明，群体性压力的程度比阿希预期的要大得多。总体而言，在37%的情况下，被试选择了实验者同谋给出的错误答案。令人惊讶的是，高达75%的被试至少有一次选择了错误答案。然而，同样是这一批被试，进行书面版本的测试时，他们所选答案的正确率是98%。

这些测试结果清楚地表明，人们往往会仅仅因为其他成员都这么选而选择他们明知是错误的答案。被试选择不正确的答案，是因为他们不想站在团体的对立面，也不想冒着遭人奚落的风险。从众意味着附和其他小组成员的意见，即使他们的判断明显失误。

要想做出冠军级别的表现，就不要在态度、努力和争取成为最佳运动员方面走捷径。永远不要满足于追求最佳状态，让出类拔萃成为你的黄金标准，无论你的队友或同辈是不是这么做的。始终在心里将自己训练和比赛的方法与其他冠军和优秀的榜样进行比较。这样你就能够掌控自己的运动前途和个人命运。

你能通过棉花糖测试吗

1972年，斯坦福大学心理学家沃尔特·米歇尔（Walter Mischel）及其研究人员选取4—6岁的儿童作为实验对象，进行了一项关于延迟满足的研究。他给每个孩子一块棉花糖，并告诉孩子们，他们可以吃掉这块棉花糖，但如果他们等15分钟再吃，他会再给他们一块棉花糖。研究人员记录了每个孩子能够抵制吃掉棉花糖的诱惑的时间，并跟踪了这样的行为对他们未来的成功产生的影响。

米歇尔让孩子们待在一个空荡荡的房间里，那里没有会分散他们注意力的东西，并在桌子上放一块棉花糖。一些孩子在研究人员离开房间没多久后就吃掉了棉花糖,因而无法获得第二块棉花糖。1/3 的孩子挣扎了很久,最终得到了第二块棉花糖。结果表明,孩子的年龄越大,他们能够延迟满足的时间越长。

16 年后的 1988 年,研究人员对这一批孩子进行了第一次追踪调查,取得了显著成果。研究表明,棉花糖测试的结果与孩子们成年后的成功之间存在正向相关性。那些在孩童时期能够做到延迟满足的年轻人,在他们父母眼中明显比其他同龄人更有能力。1990 年,第二次追踪研究表明,延迟满足能力也与 SAT 分数之间存在正向相关性。

自我控制是冠军的秘诀。他们愿意延迟即时满足,并且为了获得更大的奖励而容忍较长时间的挫败感。你可以制定和运用个人延迟策略以确保自己在面对诱惑时仍能坚持到底,从而在自己的运动和生活中经受住棉花糖测试的考验。例如,当你试图偏离营养计划时,可以通过音乐、深呼吸或谈话来分散自己的注意力。不要因为一时的心血来潮减少自己的训练时间,对自己大喊一声"为金牌而战",然后继续前进。想象一下圆满完成全部训练后的舒爽感觉。

做好每一天你都将面临各种棉花糖测试的准备。正面迎接每一个挑战。等待是值得的,耐心也会有回报。多想想你会赢得什么,而不是你要放弃什么。告诉自己:"无论出现任何短暂的不适,我都会意志坚定地追求现阶段的目标。"始终将注意力放在回报上,不断前进。最终,你会很自然地像金牌得主一样地去表现。那么,今天你能抵制多少棉花糖诱惑呢?

让我们结伴而行

诺曼·特里普利特（Norman Triplett）博士因为他在 19 世纪末 20 世纪初进行的一项开创性研究被公认为当今的运动心理学鼻祖。特里普利特是印第安纳大学的心理学教授，也是自行车的狂热爱好者，他对研究在各种任务中他人在场是如何影响个体的表现（包括运动表现）的很感兴趣。

1898 年，特里普利特在《美国心理学期刊》（American Journal of Psychology）上发表的一篇名为《领骑和竞争的动力发生因素》（The Dynamogenic Factors in Pacemaking and Competition）的论文中公布了一些初步的调查结果。他发现自行车选手在有领骑或其他竞争对手的情况下，比在单人计时赛中的速度快很多。特里普利特由此得出以下结论："其他骑手的在场是激发参赛者竞争本能的一种刺激；因此，另一个人的存在可以成为缓解或消除自身紧张情绪的手段，这是自己一个人无法做到的；而且别人骑得更快也会鼓舞自己更加努力。"

1924 年，弗洛伊德·奥尔波特（Floyd Allport）创造了"社会促进（social facilitation）"这一术语来描述人们在进行简单或熟悉的任务时，他人在场会促使其表现得更好的现象。然而，如果任务有难度，他人在场可能会产生相反的效果——由于过度的生理激发或唤醒使表现受到抑制。这在一定程度上解释了为什么一些运动员在训练中比在比赛中表现得更好。

特里普利特的社会促进研究结果对提升自己的运动表现

有何启发？寻找机会让其他人参与进来，以促使自己在简单或者熟悉的任务中更加努力。不要单独骑自行车，可以参加动感单车课或寻找一起骑车的伙伴，也可以带上一个虚构的竞争对手，在独自骑自行车时想象与之进行竞争的场景。教练可以邀请粉丝观看队内分组对抗赛或其他训练活动，不要将观众拒于训练的大门之外。

在一些复杂的任务（如高尔夫）中，你是如何克服过度的生理唤醒的？让我们仔细想想，高尔夫球手在激烈的比赛前一般是如何热身的。她可能会在高尔夫球练习场上潇洒挥杆，但在比赛伙伴面前却紧张不安，尽管这两次任务的体能要求是相同的。因为她在等待出场时过度兴奋和局促不安，所以在挥杆时失去节奏，把球打入了深野区。

我们的女主角如何才能在别人面前更有效地击球呢？在训练中，她可以做60—90秒的开合跳，然后在心率加快时重复击球。这将有助于她在球场上更好地控制自己的紧张情绪，并提高她与别人精彩对抗的机会。她还可以通过挑战其他选手来模拟比赛，看看谁的击球最接近选定的目标。

我们的女主角还应该有一套好的击球前例行准备动作，比如下面的流程，从开球到结束一直坚持下去。

- 选择好精确的目标，把注意力放在击球上。
- 想象球偏离了球道。
- 深呼吸，平静心情，缓解紧张情绪。
- 进行一两次挥杆练习，以便找到最佳节奏。
- 允许出现斜飞球。

她首先要端正自己的想法，接着摆正自己的身体，然后调整自己的节奏，最后只要正常挥杆就好。最终，她没有被第一杆吓到……而是被自己第一杆的出色发挥吓到！

冠军运动员的父母

电影《拜见岳父大人》(Meet the Parents)讲述了家庭成员之间一个个令人捧腹大笑的故事，由本·斯蒂勒（Ben Stiller）、泰瑞·波罗（Teri Polo）和罗伯特·德尼罗（Robert De Niro）主演，他们在片中展示了一流的喜剧演技。斯蒂勒扮演的盖洛德·"格雷格"·福克（Gaylord "Greg" Focker）是一名男护士，计划向他的女友潘蜜拉·伯恩（Pam Byrnes）（波罗饰演）求婚。德尼罗饰演的杰克·伯恩（Jack Byrnes）是一名已退休的中央情报局特工，对追求女儿的人百般挑剔。过度保护女儿的未来岳父很快就成为格雷格最可怕的噩梦。

一个周末，格雷格去潘蜜拉的父母家拜访，他发现自己一直处于杰克的严密监视之下，杰克一心想考验他，以确保他对潘蜜拉而言是一个体面可靠的丈夫。除了让格雷格进行谎言测试外，杰克还向格雷格分享了他的"信任圈"理论以解释诚信的重要性。杰克把人分成两类：信任圈里的人和信任圈外的人。

"信任圈"这一概念对于帮助父母思考如何最好地支持他们的孩子参加体育运动颇有价值。在亲子关系中建立信任并不容易。家长认为他们知道帮助孩子在体育运动中取得成功的最佳方法。然而，他们可能经常好心办坏事。你如何看待自己的意见无关紧要；重要的是你的孩子对如何看待你的意见。

在一张白纸上画一个圆圈。这是你孩子的信任圈。圆圈内的圆点表示对你的孩子有帮助的行为。圆圈外的圆点表示对你的孩子没有帮助的行为。想要成为冠军运动员的父母，请与孩子一起确认，你在孩子参与体育活动这件事上的行为是在孩子的信任圈内还是孩子的信任圈外。创建这样的视觉再现在头脑风暴的过程中是非常有用的，可以帮助你做出积极和实际的改变，加强你与孩子之间的亲情纽带。

那么，运动员对父母的行为通常是怎么回应的呢？2010年，加拿大艾伯塔大学的卡米拉·奈特（Camilla Knight）博士及其同事在《应用运动心理学杂志》（*Journal of Applied Sport Psychology*）上发表了一项研究，他们调查了青少年网球运动员在比赛期间对父母行为的偏好。共有11个焦点小组，42位优秀的加拿大网球选手参与了调研。以下是几种被孩子认可的行为：

- 父母可以对他们的态度和努力程度进行评价，但不要对他们的技术和战术进行指导。
- 父母可以提供切实可行的建议（例如，提醒他们注意营养问题或做热身活动）。
- 父母的非语言信号应该与他们的语言信号相一致（如父母在鼓励孩子时肢体语言应该是放松的）。
- 父母应该理解和尊重比赛的礼仪（例如，避免诸如对裁判大吼大叫等不礼貌的行为）。

大多数运动员（甚至是职业运动员和奥运运动员），无论处于哪个年龄段和从事哪个运动项目，对父母的上述行为都会非常认可。另外，反馈的时机尤为重要。父母应该避免在孩子往返比赛或训练的途中对孩子的表现发表长篇大论。餐桌也不是教育孩子的理想场所，在餐桌上应该跟孩子说说笑笑，陪孩子享受这段美好的时光。比赛之前，只需对孩子竖起大拇指，露出灿烂的笑容，拍拍肩膀或点点头即可。

爱孩子就要爱他们本来的样子，而不是爱他们的能力。帮助你的孩子完成一些令他们感到自豪的事情。温柔而又坚定地纠正孩子的不良行为。孩子表现好时要给予他们赞扬。与孩子保持良好的眼神交流，并在他们讲话时给予全部的注意力，以表明你在认真倾听。在你所重视的方面为孩子树立一个榜样。遵循这些行为，你就会留在你的孩子的信任圈内。

运动员要向自己的父母表达感激之情，感谢他们养育你、爱护你。如果可以的话想办法帮助他们。经常对他们说"谢谢"。向你的父母询问他们喜欢你的哪些行为，或想要你做些什么改变。当你的父母在说话时，倾听（真正的倾听）并理解他们的想法和需求。这有助于你和父母之间的关系更加和睦，家庭中的每个成员也都会受益匪浅。

感恩不是陈词滥调

古希腊哲学家柏拉图（Plato）写道："懂得感恩的心灵

是伟大的心灵，最终能吸引来伟大的事物。"最近，积极心理学领域的几项研究表明，表达感激之情能够鼓励个人和群体茁壮成长。事实上，心怀感激是与幸福关系最密切的力量之一。许多研究都证实了坚持写"感恩日记"或定期列出自己感激的事情有益于心理健康。

2003年，加利福尼亚大学戴维斯分校的罗伯特·埃蒙斯（Robert Emmons）和迈阿密大学的迈克尔·麦卡洛（Michael McCullough）共同发表在《人格与社会心理学杂志》（Journal of Personality and Social Psychology）上的一项研究表明，在研究的10周中坚持写感恩日记的参与者——列举让自己产生感激之情的一些经历，包括"朋友的慷慨大方"和"向滚石乐队致敬"——明显感到更加快乐，并对即将到来的一周持更加乐观的态度。与那些被要求去记录一些糟心事（例如"蠢人开车"）或中性的生活事件或社会比较的参与者相比，他们甚至锻炼得更多。

"去发现美好的事物。它一直在你身边。找到它，展示它，你就会开始相信它。"奥运田径传奇人物杰西·欧文斯（Jesse Owens）如是说。学会感恩能够对运动员的能力产生巨大的影响，他们会感到更加积极，并发挥出最佳水平。感恩的心情为提高和享受自己的比赛和生活境遇奠定了基础。它还有助于与家人、朋友、队友和教练建立积极的关系，从而对运动员产生积极的影响。

我鼓励你回顾运动和生活中那些能让自己感恩的事情。记感恩日记可以快速轻松地实现这一点。回忆并写下过去一天或一周内发生的五件美好的事情（无论大小），可以有效改善你的情绪。

例如，如果你还记得，在一次艰苦的训练中有个队友给你打气，在训练前听到最喜欢的歌曲，在长跑中享受凉爽的微风，或者受到了教练的有益指导，你就花时间把这些事记在感恩日记中。这将为你带来一个快速重温、享受和感激这份体验的机会。

冥想：大脑的仰卧推举

冥想一直以各种不同形式实践了数千年，这是有原因的。例如，对古代的日本武士而言，禅修是剑术训练的一部分。为什么呢？因为有了从容的心态才会有坚韧的信念。怀着从容的心态去比赛是进入比赛状态的关键。为了发挥出最佳水平，运动员必须把注意力集中在任务上，不要开小差，任思绪徜徉在别的地方。无谓的胡思乱想会降低我们注意力的质量并增加肌肉的紧张度。

一些研究已经证实，冥想训练可以改善大脑功能，并给大脑结构带来可见的变化。艾琳·吕德斯（Eileen Luders）博士是加利福尼亚大学洛杉矶分校神经影像实验室的助理教授，她对积极冥想者的大脑形态（形状和结构）进行了研究。2009年，吕德斯和她的同事将长期冥想者（进行各种形式冥想的平均时间达24年的修习者）的脑部扫描与从未进行过冥想的人的脑部扫描进行了一番比较，研究结果证明，冥想可能会增加大脑的灰质，他们将这一研究结果发表在了《神经影像》（*Neuro Image*）杂志上。

要对大脑产生积极的物理效应并不需要长时间的冥想训练。2012 年，在《美国国家科学院学报》(Proceedings of the National Academy of Sciences of the United States of America)上发表的一篇研究报告中，德克萨斯理工大学的神经科学家唐一源（Yi-Yuan Tang）、威尔康奈尔医学院的迈克尔·波斯纳（Michael Posner）和俄勒冈大学的一名荣誉教授及其同事认为，只需在一个月的时间内进行 11 个小时身心综合训练（一种正念冥想）就可以促进脑神经连接，提高大脑工作效率，对心理健康产生积极的影响。

在 2011 年的《精神病学研究：神经影像》(Psychiatry Research: Neuroimaging)期刊上，马萨诸塞州总医院和哈佛医学院的心理学家布里塔·霍尔泽尔（Britta Hölzel）博士发表的一篇研究报告表明，每天进行 30 分钟的正念冥想，持续 8 个星期，能够显著改善大脑的物理结构。霍尔泽尔及其同事拍摄了参与者进行冥想之前和之后的磁共振解剖图像，发现参与者海马（对学习和记忆很重要的一个区域）中的灰质增加了，杏仁核（与焦虑和压力相关的一个区域）内的灰质减少了。

20 世纪 70 年代后期，乔·卡巴金（Jon Kabat-Zinn）博士提出了正念减压疗法（mindfullness-based stress reduction—MBSR），这是一种极受欢迎的冥想方法，在霍尔泽尔的研究中被用作治疗性干预。参与者在开始参加为期 8 周的 MBSR 计划时都是毫无冥想经验的。正念冥想技术使用"不同的客体来集中注意力，可以是呼吸的感觉、情绪或想法，或任何类型的身体感觉，"霍尔泽尔解释道，"但这是为了把注意力带回当下，而不是让思绪四处游荡。"

正念冥想可以补充并加强前面章节提到的所有心理技能和策略。冥想对驯服反应式或情绪化思维以及提高注意力尤为重要。现在，让我们以正念冥想练习来结束我们的讨论。选择一个特定客体来集中你的注意力，可以是呼吸的感觉（尤其是你呼吸的声音），可以是言语过程，比如在每次呼气时念诵名言警句或重复某个关键词（"唵"[①]或"平静"）。

端坐在椅子上，双脚平放在地上，或盘腿坐在垫子上。专注当下。闭上眼睛，并随时留意呼吸过程——呼吸要均匀、自然、深沉、缓慢。把注意力集中在特定的客体上，如呼吸的感觉（从鼻孔的感觉到腹部的起伏）。这样做将有助于你专注于眼前的一切，并且一旦思绪开始游荡，就能立即把它拉回来。

当你发现自己的思绪脱离当前的状态时，第一反应应该是中立或好奇，而不是反抗或沮丧。你的思绪会四处游荡，一会儿想想过去或未来，一会儿又在评估自己现在的冥想效果。一定要注意，一旦出现这种情况，迅速把注意力拉回到呼吸的感觉上。无关紧要的想法、情绪和感觉出现又消失，直到你的大脑像静止的水一样，你就达到了内心的宁静状态。做 10 或 15 分钟这个练习。

每天进行 10 分钟或更长时间的冥想练习会让你获益良多。乔·卡巴金在 1984 年为美国奥运男子赛艇队进行了正念训练，他的《正念：此刻是一枝花》（Wherever You Go, There You Are: Mindfulness Meditation in Everyday Life）是开展个人冥想练习的绝佳指南。

[①] 唵，印度教、藏传佛教中的一个神秘的音节，被看作最神秘的符咒。

定期练习正念冥想：在下一次锻炼或团队训练之前，通过冥想清除精神上的迷雾；通过冥想为你的心理意象搭建舞台；在比赛前夜通过冥想，让大脑安静下来，从而轻松地进入梦乡。总之，要善用当下的力量，专心冥想！

继续前进，掌握自己的命运。威廉·莎士比亚写道："掌握我们命运的并非星宿，而是我们自己。"面对诱惑时，集中精力做好每天的事情。寻找机会让其他人参与进来，例如参加健身房的课程或找一个训练伙伴，从而让自己在简单或娴熟的任务和训练上更加努力。与家人进行交流，共同解决沟通问题，并在参与体育活动方面更好地互相支持。特别留意出现在运动和生活中的美好事物。开始正念冥想练习，训练大脑思维并发展专注力。永远不要陷入团体迷思或屈服于同伴的负面压力，这样才不会影响自己发挥出最佳水平。

第 7 章

禅入佳境

> 我想要给予你一些帮助,
> 但在禅宗的世界里,我们一无所有!
> ——一休宗纯(Ikkyu Sojun),日本禅师、诗人

几年前，我有幸结识了著名的武术家罗伯塔·特里亚斯-凯利（Roberta Trias-Kelley）博士。她跟我分享了一个她的教学实践中的精彩故事。她告诉我，在她的空手道馆里，碗和鞭子是最有威力的教具："当我发现哪个学生想得太多时，我就会要求他把头倒放在碗上，提醒他清空自己的杂念。当我察觉哪个学生过于自责时，我就会递上鞭子并告诉他，如果他想要狠狠揍自己一顿，那就这么做吧！"

前 MLB 明星运动员肖恩·格林在比赛中挥杆流畅，是最精准的外野手之一。在 15 年的职业生涯中，他打破或打平了几项纪录。2002 年 5 月 23 日，格林创下了可以说是棒球史上最精彩的单场比赛纪录。他完美地六投六中（4 个本垒打、1 个二垒打和 1 个一垒打，最终以 19 垒的总成绩创下大联盟纪录），带领洛杉矶道奇队战胜密尔沃基酿酒人队。

在他的著作《通往棒球的道路：在时速 95 英里中找到宁静》（The Way of Baseball: Finding Stillness at 95 mph）中，格林将其成就很大程度归功于学习和运用了禅宗的原则。他写道：

我们相信，内心想什么，自己就是什么，一切皆从心中求，仅此而已。我一直觉得，除了无休无止、不断重复的想法和自我贪得无厌的欲望之外，我真正的本质还有更多。我一直企图通过禅修和冥想来进行探索，寻找更加辽阔的自我，但直到冥想成为我棒球生涯的一部分，我才真正开始断开诸多杂念，与自我更深的存在建立联系。

"禅"是指在当下完全清醒，不抱任何幻想。"禅"一词源于梵语"禅那"，意思是冥想或静观。禅宗获得智慧的方法非常有效，因为它们能激发想象力。禅宗故事可以使我们避免过度分析，将重要信息直接传递给潜意识，让人醍醐灌顶。这些故事有助于调动一个人的内在资源，使他们能够解决问题并做出积极的改变。

在本章中，我们将介绍22个经典的禅宗和道家故事，以进一步深化和扩展你的通往卓越之路。这些故事是以前文的许多心理技能和策略为基础的。每个故事都能传授给你一些生活智慧，并随附运动小课堂帮你增强运动能力，此外还有与故事想阐述的要点相关的自我反思问题，以供你进一步探究。你可以利用这些原则去探索自己独特的方法，并在运动和人生旅程中随时运用这些经验教训。

清空杯子

一位大学教授去拜访一位著名的禅师。在禅师安静地奉茶时，教授谈到了禅。禅师将茶倒入教授的杯子，杯满仍不止。教授看着茶水不停地溢出杯外，终于忍无可忍，脱口而出道："茶杯满了，禅师别再倒了。""你就像这只杯子，里面装满了自己对禅的想法和看法，"大师回答道，"除非你先清空自己这只杯子，否则我该如何向你说禅呢？"

运动小课堂：始终虚心受教。道家哲学提醒我们，碗有用是因为它是空的。为了成长，我们必须先放弃自己已经知道的东西，这样我们才能开放地向有一技之长的人学习，特别是我们的教练和队友。即使是最优秀的运动员，那些在他们所从事的运动领域处于顶级的运动员，也要不断努力学习新技能，磨炼自己的技术。做一个优秀的倾听者，接受指正并采取行动。

自我反思：在比赛这件事上，我是否还是菜鸟？我是否乐于学习？

僧人与镜子

从前有一位僧人总是随身带着一面镜子。有一天，一位和尚注意到了这一点，心想："这个僧人一定非常关注自己的外貌，所以才一直随身带着一面镜子。他不应该在意自己的外貌。一个人的内在才是最重要的。"所以和尚走到僧人面前，问道："为什么你总是带着那面镜子呢？"和尚以为这样就能揭穿僧人。僧人在和尚面前把镜子从包里拿出来，然后指着镜子说："每当我陷入困境时，我就会照照镜子，它会告诉我问题的根源和解决方法。"

运动小课堂：对自己所有的准备和表现负责。你有责任保持良好的态度，在训练和比赛中竭尽全力，并在场外表现出坚强的性格。我们的背景和环境可能会影响我们的出身，但我们可以对自己的成长负责。

可惜的是，许多运动员只会对裁判或竞争对手发火，而不会把注意力集中在自己的表现上。要想达到冠军级别的表现，就不要责怪别人，而应该专注地把自己能做的事情做得更好。

自我反思：我能百分百对自己的成功和失败负责吗？

负　担

一天晚上，一老一少两个和尚一起回寺庙。天刚下过雨，路边有许多水坑。他们走到了一处地方，看见一个美丽的年轻女子被水坑所困。老和尚径直走到女子面前，一把把她抱到马路对面，然后继续赶路回庙里。晚上，小和尚来到老和尚面前说："师父，我们是和尚，不能碰女人。"老和尚回答道："是的，徒儿。"小和尚又问道："但是师父，刚才你怎么可以把那个女人抱到路边？"老和尚对他笑了笑，说道："我已经把她放在了路边，但你还抱着她。"

运动小课堂：比赛要专注当下。始终把注意力放在当下的输赢上，而不是最终的结果上。比赛结束后，学会迅速放下所有的失败和沮丧。如何做到这一点？请记住，每个人都会失败,但是冠军不会沉溺于自己的失败。对自己做得不错的地方给予奖励和肯定,抓住所有机会积极改进,并从记忆中删除无关的一切。这有助于减轻你的负担。

在重要比赛前的采访中,明星球员总是专注于眼前的比赛,很少谈论过去或接下来的比赛。这让球迷们很抓狂,因为球迷们想知道他们对季后赛等比赛的打算。也许这就是他们之所以是明星运动员的原因之一。

据说最佳球员记性都不好,尤其是在棒球和高尔夫球运动中。如果一名棒球运动员因在击球时表现不佳,被淘汰出局后一直耿耿于怀,他很可能会在接下来的比赛中犯错或在下一次上场击球时畏首畏尾。同样地,倘若一名高尔夫球手一直因为反弹角不佳或推杆失误而怒不可遏的话,那么他将很难在下一次击球时保持良好的心态,挥出漂亮的一杆。

自我反思:我从过往的运动经历中背负了什么本该放下的负担?

曹源一滴水

有一天洗澡时,仪山善来(Gisan Zenkai)禅师觉得水太热了,就叫小徒弟宜牧提一桶凉水过来。宜牧提来一桶水将浴水兑凉后,就把剩下的一点水倒在地上。仪山善来禅师大喝一声:"傻瓜!你为什么不用剩下的水来浇花草树木?你没有权力浪费寺庙的任何一滴水!"小徒弟在那一刻当即悟道。他将自己的名字改为"Tekisui",意思是"一滴水"。

运动小课堂：最大限度地发挥你的体力和脑力。不要犹豫不决，不要浪费哪怕一滴汗水。注意准备事项中的细节。充分利用每一种情形。不要因为要等待公共练习场地而感到苦恼，可以利用等待的时间做一做伸展或热身运动。或者做一些看似无聊的训练，并集中精力把它做到极致，不要虚度光阴。

一位帮忙组织铁人三项比赛的朋友告诉我，他发现，精英运动员绝对不会浪费自己准备的或工具包中的任何东西，尤其是在下一个比赛项目之前的过渡阶段（比如从游泳到骑自行车）。卓越总是"用进废退"。

自我反思：我是否做到了我必须做到的一切？

福兮祸兮

从前，有一个老农夫，长年累月在地里种田。有一天，他的马逃跑了。听到这个消息后，邻居们纷纷来看望他。"真是倒霉啊！"他们同情地说道。"也许吧。"农夫回答道。第二天早上，马儿回来了，还带回三匹野马。"这真是一件好事。"邻居们惊呼道。"也许吧。"农夫回答道。第三天，他的儿子想要骑一骑其中一匹未驯服的野马，结果被重重地甩了出去，摔断了腿。邻居们再次对他的不幸表示同情。"也许吧。"农夫回答道。又有一天，朝廷派人来村里征召青壮年去打仗。他的儿子由于腿瘸了而逃过一劫。邻居们纷纷祝贺农夫因祸得福。"也许吧。"农夫说。

运动小课堂：不要一下子就断定一件事情的好坏。在比赛或赛季结束之前，不要随便发表评论。保持清醒冷静——在前进的路上不要得意时大喜，失意时大悲。无论记分牌上的分数如何，始终坚持在当前的情况下尽力而为。

自我反思：当运动之神为我设置了重重困难，我还能保持冷静和中立吗？

悬崖上的野草莓

一天，有个人正走在一片荒野中，突然遇到了一只凶残的老虎。他赶紧掉头就跑，但没一会儿就跑到了高高的悬崖边。为了活命，他不顾一切地抓住一条藤蔓爬了下去，然后挂在悬崖边上，命悬一线。这时，又有两只老鼠从悬崖上的一个洞里爬了出来，开始咬藤蔓。突然，他在藤蔓上发现了一颗汁水饱满的野草莓。他立刻摘下来，塞进嘴里。真是太美味了！

运动小课堂：抓住机遇。始终追寻积极的事物。汁水饱满的野草莓暗示我们应该更多地关注出现在生命中每个瞬间的美好的事物和简单的快乐，而非危险和困难。热爱当下的比赛、竞争和挑战，不管结果会怎样。

观看篮球比赛时最令我激动的时刻之一就是一名顶级球员，特别是控球后卫，看似在球场上被对方严防死守着，然后突然从空中漂亮地把球传给队友，完成灌篮。这些时刻就像悬崖上的野草莓一样。他们的眼睛看到了机会!

自我反思:我是否专注于训练和比赛中的积极成果和现有机会?

侮辱的礼物

从前,有一位伟大的武士。他虽然已经年迈,但依然所向无敌。他声名远扬,许多人从全国各地慕名而来拜他为师。有一天,一个臭名昭著的年轻武士来到了这个村庄。他决心成为第一个打败这位大师的人。除了力大无穷外,大师还有一个非同寻常的能力,那就是发现并利用对手的任何弱点。他会让对手先出招以露出破绽,然后再以闪电般的速度毫不留情地发起进攻。迄今为止没有人能够在较量中和他过完第一招。这位大师不顾满腹担忧的弟子们的劝阻,欣然接受了年轻武士的挑战。当两人摆好架势准备交锋时,年轻的武士开始辱骂大师,往他脸上扔脏东西,还向他吐口水。一连几个小时,对大师极尽侮辱谩骂之能事。但这位大师只是站在那里,纹丝不动,泰然自若。最后,年轻的武士终于精疲力尽。他知道自己已经战败,羞愧地离开了。大师并没有向这位无礼的年轻人动手,他的弟子们对此有点儿失望,都围过来问他:"您怎么能忍受这样的侮辱呢?您是如何把他赶走的?""如果有人送你一件礼物,而你没有接受它,"大师回答道,"那么这件礼物是属于谁的呢?"

运动小课堂：不要让别人控制你。拒绝让别人的消极情绪妨碍你的准备和表现，学会主宰并控制自己的情绪。新英格兰爱国者队教练比尔·贝利奇克总是告诉他的队员要"无视噪音"，或不要在意人们对他们的评论。在赛场上，无视来自对手的任何"噪音"——不要中了对方的圈套。

例如，八次获得世界冠军的拳击手小弗洛伊德·梅威瑟（Floyd Mayweather）以擅长在拳击场上和场下奚落对手而闻名，但他从不会自乱阵脚。他这样做是为了干扰对手从而让自己从中获利。美国综合格斗选手切尔·松恩（Chael Sonnen）也采用了类似的方法来攻击他的对手。

自我反思：我是否足够坚强而不会被任何刁难扰乱自己？我是否足够出色而能够从麻烦中全身而退？

全力以赴

一位年轻而诚挚的禅学弟子走到他的师父身边，问道："如果我非常刻苦勤奋地学习，需要多长时间才能参透禅的真谛呢？"大师思考了片刻，回答道："十年。"弟子又问："如果我非常、非常努力地学习并且全身心地投入其中，那需要多长时间呢？"大师回答道："二十年。""如果我真的、真的非常努力地学习，那需要多久呢？"弟子再问。"三十年。"大师回答道。"这我就不明白了，"失望的弟子说，"为什么我说我越努力，您回答需要的时间越长呢？您为何这么说呢?"大师回答道:"如果你把一半的精力都倾注在结果上,那么你在过程中也只能付出一半的精力。"

运动小课堂:过程做得好,结果自然好。运动员常常非常担心能否得到想要的结果,以至于忽略了那些为了实现目标而需要特别注意的日常事务。坚持改进计划,一次只前进一步,你的才能会逐渐提高。罗马不是一天建成的,卓越的成就也无法一蹴而就,因此循序渐进才是正道。

在铁人三项的圈子中,精英运动员经常警告新手不要过度训练和恢复不足。太渴望成功的铁人三项运动员在训练中常常会不断给自己加码,并且缺乏充分的休息,最终无法收获他们想要的成果。要始终坚持训练计划,努力奋斗,好好恢复。

自我反思:我是在盲目地努力,还是知道自己在做什么?

巨大的波浪

雄波(Onami)是一位生活在明治(日本年号,1868—1912年)时期的杰出相扑手。他名字的意思是"巨大的波浪"。雄波有一个相当罕见的问题。他是相扑大师,在私下里,甚至可以打败他的老师。然而,在公开场合,他就会变得非常羞怯,连他的学生也能够轻松将他击败。雄波决定去请教禅师,希望禅师能帮助他解决问题。云游四方的白隐（Hakuiu）禅师刚好来到这座城市，住在寺庙中。雄波便带着他的问题去找白隐禅师。"你名字的意思是'巨大的波浪'！"禅师说，"今晚你就住在这庙里吧。想象自己就是那巨大的波浪。你不再是一个羞怯的相扑手，而是一股巨浪。在前进的道路上，吞噬一切，横扫一切。这样你的担忧就会消失。你将会成为有史以来最伟大的相扑手。"禅师说完就回去安寝了。

雄波安静地坐着冥想。他回想了禅师所说的话。尝试将自己想象成巨浪。起初，他思绪如潮，杂念纷纷。慢慢地，他的思绪逐渐回归到波浪中。随着时间悄然流逝，波浪变得越来越大。巨浪卷走了寺庙的一切。当太阳升起时，寺庙消失了；剩下的只是一片茫茫大海，潮起潮落。

禅师醒来后去看雄波，发现这位相扑手仍深陷在冥想中，嘴角露出淡淡的笑容。禅师温柔地拍了拍他。"现在没有什么能击败你了。你已经成了巨大的波浪。"这一天，雄波回去继续搏斗。从那时起，他就成了战无不胜的相扑大师。

运动小课堂：为自己的理想表现状态建立一个强大而独特的心理意象。你的身体会在脑海中产生各种图像，就好像它们是真实发生在当下的一样。在想象完美的表现状态的同时，你实际上也正在创建这么一个状态。头脑清醒，身体处于放松状态，这时候进行冥想的效果最佳。调节呼吸，深吸一口气，深呼一口气。这有助于你处于非常适合进行意象演练的状态。练习心理意象和冥想的技巧，让自己在运动中信心十足。

自我反思：我能想象出自己理想的表现状态吗？

青蛙与蜈蚣

一只青蛙遇见一条蜈蚣,青蛙观察了一会儿蜈蚣,然后说:"这真是难以置信呀!你是如何协调好这么多条腿,而且还走得这么快的?我只有四条腿,就已经觉得走路很困难了。"听了这话,蜈蚣停了下来,想了想,然后发现自己再也无法走路了。

运动小课堂:这不是一个禅学故事,但我很喜欢它,因为它与运动心理学格言"过度思考会导致表现不佳"异曲同工。相信自己在训练中掌握的技能,在比赛中从"自觉"模式转变为"自动"模式。解放自己的思维并让它放松下来,不要像机器人一样机械。不要试图控制你的技能——只需在赛场上伺机而动,让它们自然而然地表现出来就可以了。

你知道吗,在我们的脊柱上排布着许多神经组织,它们主要负责让我们在行走时保持平衡?这几乎就像一种反射。如果我们刻意思考如何走路,反而会让我们大费周折!从动作技巧到运动技能,我们最终的目标是自动反应。这就是"训练肌肉记忆"的意义所在。

例如,打高尔夫球的自动反应是指能在不思考的情况下挥动球杆。在训练场上,高尔夫球手会勤加练习挥杆得分的秘诀。到了比赛时,优秀的高尔夫球手会努力避免在挥杆时胡思乱想(除了偶尔一两次在脑海中想象如何挥杆外)。在击球时,他们将注意力更多地放在目标位置上。这是至关重要的,因为挥杆开始大约1秒后球就被击中了。挥杆的时机极有可能会被任何有意识的助力(控制干扰)所打断。因此，优秀的高尔夫球手会心无杂念地挥杆，任其自行发挥。

　　掌握运动技能，了解清楚比赛细节，会让你在行动的瞬间自动反应。1978年至1996年，棒球名人堂成员奥兹·史密斯（Ozzie Smith）曾在圣地亚哥教士队和圣路易斯红雀队担任游击手。他被称为"奥兹巫师"，并因其出色的防守连续13次获得金手套奖。"当我处于最佳状态时，什么也别想。一切就自然而然发生了。"史密斯说道。

　　在《箭术与禅心》（Zen in the Art of Archery）一书中，作者欧根·赫里格尔（Eugen Herrigel）讲述了他如何从日本禅师那里学习射箭：让箭自己射出去，自己去找靶心。他写道："就射箭而言，射手与靶心不再是两个对立的客体，而是一个共同依存的实体。"练习，练习，再练习。最终你的技能会自然展露出来，不需要你刻意去表现。学会借力，但不要用力。

　　自我反思：如果我不相信自己在比赛中的运动技能，那为什么我要如此努力地训练呢？

驯伏此心

　　一位年轻而又自负的箭术冠军在赢得了几场射箭比赛后，向一位以精湛的箭术而闻名的禅师发出了挑战。这位年轻人第一箭射中了远处的靶心，第二箭又将第一箭的箭头射劈了，技艺非凡。"瞧，"他对老禅师说，"看看你能不能做到这一点！"禅师泰然自若，并没有拉弓射箭，而是示意年轻的射手跟着他上山。箭术冠军对这位老者的意图非常好奇，于是紧随其后往山中走去。他们来到了一个峡谷前，上面有一座摇摇欲坠的桥，一看就十分危险。老禅师面不改色地走到桥中央，挑了一棵远处的树做靶子，拉弓箭射，一击即中，干净利落。"现在轮到你了。"他一边说一边从容地走回安全的地面。年轻人满眼恐惧，望着那令人心惊肉跳的无底深渊，连迈上桥的勇气都没有，更别提射靶了。"你拥有高超的箭术，"禅师觉察到这位挑战者的窘境，说道，"但是你缺乏自如运箭的心境。"

运动小课堂：倘若你把注意力放在关键时刻希望发生的事情上，而不是害怕可能发生的事情，那么一切美好之事皆有可能。训练有素的头脑正是区分具有相似身体技能的运动员的关键。你真正的目的是在形势最需要的时候依令行事。

此外，在各种环境中练习你的技能并与不同风格的对手进行较量可以提升你的比赛水平。这就需要你走出自己的舒适区。寻找具有更高难度的新挑战。

自我反思：我是否把注意力放在关键时刻希望发生的事情上？

杰 作

一位书法家正在一张纸上挥毫泼墨。一个在书法上颇具鉴赏力的学生在旁边看着。这位书法家写完后便询问学生的意见。这名学生随即告诉他，写得一点儿都不好。书法家又试了一次,学生再一次说不好。书法家一遍又一遍仔仔细细地重复书写着那几个字,然而每次学生都说写得不好。最后,趁着学生将注意力转移到别处无暇看他写字时,书法家赶紧抓住机会,一挥而就。"你瞧!怎么样?"他问学生。学生转过身来看了看,惊呼道:"这……是一幅杰作!"

运动小课堂:让自己表现得更本能,更有创造力,更自然。通常这需要我们试着"以柔克刚"。做那些对你而言自然而然的事情,不要试图给别人留下深刻的印象或强求某个特定的结果。顶级网球运动员通常会与球融为一体,而普通的球员则会由于紧张和刻意而失了水准。

自我反思:参加比赛时,我是否将一切杂念都抛到九霄云外,仅依靠自己的感觉行事?

何谓安宁

从前,有一位国王说,谁要是能画出最能表现安宁的画,他就重重有赏。许多画家纷纷呈上他们的作品。国王浏览了全部画作。他非常喜欢其中的两幅画,不知道选哪一幅是好。一幅画的是一片宁静的湖泊,湖面平静得像一面镜子,没有一丝波澜,四周群山环绕。湖面上空,湛蓝的天空中飘着朵朵白云。凡是见过这幅画的人都认为,它完美地表现了什么是安宁,理应拔得头筹。另一幅画也是群山连绵,但这幅画中的山却崎岖不平且寸草不生。天空中乌云密布,狂风暴雨,电闪雷鸣。一条奔流的瀑布从山的一侧倾泻下来。乍一看，这幅画跟安宁沾不上一点边。但仔细一看，国王发现在瀑布附近的岩石缝中生长着一小簇灌木。一只鸟妈妈把她的家筑在了灌木丛中。在如此汹涌的水流中，鸟妈妈却安坐巢中，一派安宁。国王选择了第二幅画。"所谓的'安宁'并非意味着所处的环境没有喧嚣，没有烦扰，没有艰辛，"国王解释道，"'安宁'是指任世间如何纷繁嘈杂，你的内心依然风平浪静。这才是安宁的真正意义。"

运动小课堂：真正的安宁来自内心。即使身处大型比赛，被各种喧闹和干扰包围着，深呼吸并将所有精力都集中在眼前的目标上，这样就能保持心境平和。没有你的允许，任何外部的干扰都影响不了你的内心。因此，无论情况如何，都要保持一种胜券在握的感觉。

有过这种状态的运动员（每投必中的控球后卫，连打连胜的棒球击球手，久经战场的跑卫）都表示，在心理上放慢比赛节奏，然后一上场就能本能地做出反应。

自我反思：在激烈的竞赛中，我是否能保持冷静和沉着？

画 虎

一个和尚住在一个山洞里，他把全部时间都用于冥想，认识自己，以及在所住山洞的墙壁上画老虎。那只老虎画得栩栩如生。画完后，他发现当他看着那只老虎时害怕极了，之后他再也不敢留在山洞里了。

运动小课堂：真实地看待体育参与，而不是把它想象成别的东西。大多数表现焦虑源于我们过于丰富的想象力。我们要把自己想象成赛场上的猎人，而比赛只是一只画出来的老虎。你可以选择让什么画面浮现在脑海中，所以在脑海中创建一个当前挑战的心理意象，让它为你带来专心致志且无所畏惧的情绪反应。把自己想象成巨大的波浪，而不是画一只吓自己的老虎。

自我反思：我是利用自己的想象力来提高注意力还是增加恐惧感？

呼 吸

有一位僧人，在一个寺庙里待了一年后，抱怨道："我所学到的只是呼吸。"在寺庙里待了五年之后，僧人仍然抱怨道："我所学到的只是呼吸。"数年后，僧人变老，终于开悟，他笑着说："我终于学会了呼吸。"

运动小课堂：学习和练习深呼吸的方法和步骤。当你感到有压力时，你的呼吸会变浅。如果发生这种情况，氧气摄入量会减少，肌肉紧张度会增加。无论吸气的时间多长，只要延长呼气的时间都会让我们更加放松。正确的呼吸有助于驱赶身体所承受的压力和紧张，让你重新回到当下。例如，一个成功的罚球射手在射门之前往往都会深呼吸一下。

自我反思：我能一整天都保持轻松的深呼吸吗？

一切都会过去的

一个学生对他的冥想老师说:"冥想真让人讨厌!我一会儿心烦意乱,一会儿双腿疼痛,一会儿瞌睡连连。这太让人讨厌了!""一切都会过去的。"老师淡淡地说。一周后,那个学生又对他的老师说:"冥想真是太棒了!我感到又清醒,又平静,又充满活力!这真是太棒了!""一切都会过去的。"老师依然淡淡地答道。

运动小课堂:一切都是暂时的。运动中没有什么东西是不变的。表现状态时好时坏,变化不定。所有运动员的心理状态和表现结果都会有所波动。当你状态不好时不要惊慌;一切很快就会结束的。当你连战连胜时,保持这个势头。艰苦锻炼产生的疼痛最终会消失的。一切都会成为过去。

自我反思:我的情绪是否会随着自己的运动表现起伏不定?

砍柴,挑水

有一个弟子去找一位大师,询问自己应该怎么做才能开悟。老禅师回答说:"砍柴,挑水。"自此这个弟子就一直老老实实地砍柴、挑水,十年后,他沮丧地来跟禅师说:"大师啊,我按照你说的做了,十年来都在砍柴、挑水,但我还是没能开悟!我现在应该怎么做呢?"禅师答道:"继续砍柴、挑水。"那个弟子回去继续老老实实地砍柴、挑水。又一个十年过去了。在这十年间,这个弟子成熟了,也开悟了。他又回来见老禅师,脸上带着一丝笑容。"大师,"他说,"我已经开悟了,现在是一位觉者了。如今我又该怎么做呢?"禅师答道:"继续砍柴、挑水。"弟子深深地鞠了一躬,然后回去砍柴、挑水。

运动小课堂:掌握运动技能的基本原理。高质量的训练是做出一些运动成就的关键。入选名人堂的达拉斯牛仔队四分卫罗杰·施陶巴赫(Roger Staubach)说:"举世瞩目的成就来自默默无闻的准备。"

完全沉浸在眼前的训练中,不要胡思乱想或过度分析。尽量保持简单,因为不需要任何额外或特殊的东西。

自我反思:我在训练时是否用心,还是只是走走过场?

顺其自然

有一个老人不小心掉进了湍急的河流里,激流的前方是急泻而下的瀑布。围观者都非常担心他的生命安全。大家在瀑布底端找到了他,老人奇迹般的安然无恙。人们问他是如何活下来的。"我让自己顺着水流漂流而下,没有任何挣扎。也没有任何想法,它把我带到哪就到哪。陷入漩涡,又从漩涡里出来。这就是我能活下来的方式吧。"

运动小课堂:根据不断变化的环境(例如今天的阵容、练习计划或场上条件)调整你的想法、感受和行动。一成不变和严防死守只会使情况变得更加糟糕。顺其自然才能保持最佳表现。放弃控制才能获得控制。

当比赛时间接近尾声时，当球迷们在场上嘘声不断时，当对方球队转换战术时，或者当裁判判你的队友出局时，不要试图寻找解决方案——拥抱暴风雨，胜利的曙光终将出现。

学会顶着压力茁壮成长。想投出比赛前的最后一投，想一推进洞赢得锦标赛，想达阵得分获得胜利……许多孩子都梦想着能在比赛的决胜阶段大放异彩，赢取最后的胜利。不要因为压力重重、畏惧失败而让自己的优势渐渐消失。

自我反思：对意想不到或不受欢迎的状况，我适应得怎么样？

命 运

在一场重大战役中，一名日本将军决定发起进攻，尽管与对手兵力悬殊。他相信他们会赢，但他的士兵却对此充满怀疑。在去前线的路上，他们在一座神庙前停了下来。在与士兵们一起祈祷之后，将军拿出一枚硬币说："现在我要抛这枚硬币了。如果正面朝上，我们就会赢。如果背面朝上，我们就会输。命运即将揭开它的面纱。"他把硬币抛向空中，所有人都目不转睛地看着它着地。正面朝上。士兵们非常高兴，信心十足地踏上战场，向敌人发起猛烈的进攻并取得了胜利。战斗结束后，一名中尉对将军说："没有人可以改变命运。""非常正确。"将军一边回答一边向中尉展示两面都是正面的硬币。

运动小课堂：你必须掌握自己的命运。你只会完成那些你深信自己可以完成的事情。因此，要相信自己注定会在运动中取得伟大的成就，然后发挥自己的聪明才智努力去实现它。倘若你仍然心存犹疑，那就抛两面都是正面的硬币来决定！它是一个自我实现的预言。

自我反思：如果我坚信并且表现得好像自己不可能失败，那么我能发挥出多大的潜能呢？

追两只兔子

一位武术学生向他的老师提出一个问题："我想要提高自己的武艺。除了跟您学习之外，我还想向另一位老师学习另一种风格。您觉得这个主意怎么样？""同时追两只兔子的猎人最后一只兔子都抓不到。"老师答道。

运动小课堂：一刻一球。一次只专注一次击球。将全部注意力集中在眼前的这一次击球上，这样才能赢得胜利。不要试图超越自己或同时做两件事。如果你什么都想做，最终只会一事无成。下一场比赛下一场再说。

对训练计划和比赛计划要充满信心。相信你的教练和他给的意见或建议。如果你想同时让多个人指导你，想一想"追两只兔子"的故事。最近，一位网球教练跟我分享了下面的故事："有一位母亲让我教她的孩子们打网球。然后，她又带孩子们去找另一个教练。其中一个孩子在我的课堂上使用了另一套击球动作技巧。从那时起,我就知道一切都注定了。"

自我反思:我是否将全部精力和努力都放在一次只做好一件事上?

旅　馆

一位著名的灵性导师来到了国王宫殿的门前。他走了进去,守卫们没有任何阻拦,他径直走向正坐在宝座上的国王。"你想要什么?"国王立即认出了这个访客,问道。"我想在这家旅馆里住下来。"灵性导师答道。"但这不是一间旅馆,"国王说,"这是我的宫殿。""我可不可以问一下,在你拥有这座宫殿之前,它是属于谁的?""我的父亲。他死了。""在他之前,又是谁拥有它?""我的祖父。他也死了。""听你这么说,人们在这个地方住一小段时间,然后又离开,这难道不就是一家旅馆吗?"

运动小课堂:运动的生命永远比我们人的生命更长久。一切都需要争分夺秒。任何竞技运动生涯必然会在某个时刻戛然而止。而且,就像许多纪录创造者所说的那样:"每一项纪录都是用来打破的。"我们所属的运动团队就像是故事中的旅馆——我们只是正好在此逗留而已。

西雅图水手队和菲尼克斯太阳队的前顾问加里·麦克(Gary Mack)说:"成功来自心态的平和,而这种平和源于你知道，作为选手和个人，无论是场上还是场下，你都尽了自己最大的努力。离开比赛时，你想要人们怎么记住你呢？"充分利用你所拥有的时间，这样当你离开比赛时就不会有遗憾。

自我反思：离开比赛时，我想要人们怎么记住我呢？

雕　像

一个年轻人有一座泥土雕像，那是他家的传家宝。他一直希望这件传家宝是闪闪发亮的黄金制品，而不是褐色陶土这种毫不起眼的货色。当他开始赚钱谋生后，他就时不时存下一点钱，直到某一天，他攒起来的钱终于足够给他家的雕像镀金。镀完金后那座雕像看起来刚好就是他想要的样子，人们也纷纷赞不绝口。他为自己拥有一尊黄金雕像感到非常自豪。然而，镀金无法很好地黏附在黏土上，不久就开始脱落。因此，他不得不再次给雕像镀金。

他很快就发现，为了维护这座雕像的黄金外壳，他花费了自己全部的时间和积蓄。多年来，他的祖父一直在外游山玩水，终于有一天他结束旅游回来了。这个年轻人想向祖父展示自己是如何把泥塑变成金像的。然而，泥土斑驳的雕像让他有些尴尬。老人笑了笑，爱惜地捧着雕像。他用湿布轻轻地擦拭着，一些泥土逐渐消失。"很多年前，这个雕像一定掉进过泥里，然后被泥给包住了。那时你还是一个年幼的孩子，不懂个中差别，也忘了这回事，后来就以为这只是一座泥塑。不过，瞧瞧这儿。"他让他的孙子看看泥土被擦掉的地方，那儿正透出一点儿明亮的金黄。"这个雕像从一开始就是纯金的。你根本不需要再在泥巴上镀金。你只要轻轻地擦掉泥土就能拥有一座金像。"

运动小课堂：实现最佳表现的关键在于你自己。记住，如果你能发现别人的优点，那么你自身早已具备了这种优点。要透过泥土看到金子，并为之感到庆幸。消除疑虑及其他心理干扰可以帮你擦掉泥土，让你金光闪闪。你有伟大的内在等着被挖掘。挖掘你的全部潜力吧！

自我反思：我认为自己是冠军吗？

禅学故事教会我们如何实现冠军级别的表现。你是否像"僧人与镜子"故事中那个谦逊的僧人一样承担起所处环境的个人责任？在压力重重的情况下，你是否像"何谓安宁"故事中在汹涌的瀑布下的那只安静的鸟妈妈？一定要问问自己，并思考"自我反思"部分的问题。禅学故事涉及了千万年来人类所面临的永恒的挑战，因此请记得在你的运动训练中加入一些禅学智慧。

第 8 章

金光辉映

研究战争是一回事,作为战士冲锋陷阵又是另一回事。
——阿卡迪亚的忒拉蒙(Telamon),公元前 5 世纪的雇佣兵本章从这几句禅语开始：

若要求道，
仰仗导师，
追随导师，
与导师同行，
洞察导师，
成为导师。

奥运会是世界上规模最大、最受瞩目的体育赛事。奥运会奖牌包括金牌、银牌和铜牌，用来表彰在夏季奥运会和冬季奥运会中那些表现突出的个人和团队，也为运动员、媒体和观看赛事的人提供了切实的记录。在本章，我们将看到那些赢得奥运会金牌的运动员们的内心世界，他们将障碍物变成垫脚石，登上了运动的巅峰。

"金牌并非真的由黄金制成。它们是由汗水、决心和一种叫作勇气的稀有合金制成。"丹·盖博（Dan Gable）说道，他曾经是最著名的摔跤运动员之一，也是一名摔跤教练。在1972年慕尼黑奥运会上，盖博以六场比赛不失一分的佳绩夺得了金牌。作为爱荷华大学的摔跤教练，盖博创造了355-21-5的纪录，并带领他的团队15次摘取NCAA的桂冠。

请记住，赢得"内在"金牌才是你最终的胜利。真正的冠军是那些能够克服各种巨大的困难并到达自身潜力顶峰的人，无论外界对其评价如何。每位心理大师都对冠军的思维模式有着自己独到的见解。以下几位运动员都曾在世界舞台上赢得金牌，其中一些人是从严重的伤病中恢复过来的，而另一些人则在力争金牌的过程中克服了重重困难。相信每个人都能从这些冠军分享的经验教训中学到很多东西——在奥运会的严峻考验中锻造出来的经验教训。让我们向这几位世界上最伟大的运动员学习冠军的思维模式并获取金牌的建议吧！

- 邓肯·阿姆斯特朗（Duncan Armstrong），澳大利亚游泳运动员，在1988年汉城奥运会上获得金牌。
- 约翰·蒙哥马利（John Montgomery），加拿大俯式冰橇运动员，在2010年温哥华冬奥会上获得金牌。
- 加布里尔·奇波洛内（Gabriele Cipollone），东德赛艇运动员，分别在1976年蒙特利尔奥运会和1980年莫斯科奥运会上获得金牌。
- 亚当·克里克，加拿大赛艇运动员，在2008年北京奥运会上获得金牌。
- 达纳·喜（Dana Hee），美国跆拳道运动员，在1988

年汉城奥运会上获得金牌。
- **尼克·海松**（Nick Hysong），美国撑竿跳高运动员，在 2000 年悉尼奥运会上获得金牌。
- **菲尔·梅尔**（Phil Mahre），美国高山滑雪运动员，在 1984 年萨拉热窝奥运会上获得金牌。
- **娜塔莉·库克**（Natalie Cook），澳大利亚沙滩排球运动员，在 2000 年悉尼奥运会上获得金牌。
- **格伦罗伊·吉尔伯特**（Glenroy Gilbert），加拿大短跑运动员，在 1996 年亚特兰大奥运会上获得金牌。

澳大利亚　邓肯·阿姆斯特朗

奥运会游泳金牌获得者

运动生涯杰出表现

- 1988 年汉城奥运会金牌得主（200 米自由泳）
- 1988 年汉城奥运会银牌得主（400 米自由泳）
- 1986 年爱丁堡英联邦运动会金牌得主（200 米自由泳）
- 1986 年爱丁堡英联邦运动会金牌得主（400 米自由泳）
- 1989 年代表佛罗里达大学参加 400 米和 800 米自由泳，入选 NCAA 全美明星队
- 两届奥林匹克运动会选手（1988 年，1992 年）

从古至今，奥运会激励了无数男男女女。许多人都喜欢

去异国他乡参加比赛的冒险经历以及那段恒久不忘的记忆。另一些人则沉迷于选拔后的团队氛围以及比赛开始后的奥运村生活。如果你是一名研究奥运会历史的学生，你会对运动员们的各种比赛体验感到异常兴奋。

我喜欢听故事也喜欢讲故事。在奥运会上，各种关于勇气、耐力、机会主义和意想不到的事情的故事五花八门。从很小的时候开始，这些故事就激起了我想成为一名奥运选手的愿望。6岁时，我看到昆士兰16岁的史蒂夫·霍兰德（Steve Holland）在1976年蒙特利尔奥运会上男子1 500米自由泳比赛中获得了铜牌。当时，整个学校的人都挤进了图书馆，想看看屏幕中的他能否夺得金牌。我至今还记得看到这个世界冠军神童代表我们获得本届奥运会最大的一次夺冠机会时的兴奋和期待。但那天，史蒂夫被两名更加出色的游泳运动员击败，可他仍然获得了铜牌。在学校图书馆的这段经历激励着我将游泳作为参加奥运会的途径。

奥运比赛之所以如此激烈，是因为运动员们把多年来的全部激情和梦想都倾注其中。当你代表你的国家参加奥运会时，你所面临的对手不仅有备战了12个月、2年、4年的运动员，甚至还有做了10年准备的运动员。你面对的是一群具有高度进取心和绝佳天赋、绝不轻易妥协且极其认真的人，他们穷其一生都在梦想着参加奥运会并为之做准备。在比赛中，你可能会忘记制订好的计划，因为当发令枪响起时，任何事情都可能发生。这就是为什么奥运会是体育爱好者的天堂。剧本就在你眼前现写现演，你不知道接下来会发生什么。

我对奥运会的信念让我在1988年为赢得汉城奥运会200

米自由泳比赛做好了准备。那时候，无论是韩国的文化、游泳队的成员、奥运村的样子，还是赞助商丰厚的赠品，我统统都不感兴趣。20岁时，在跟着我的教练劳里·劳伦斯（Laurie Lawrence）进行了长达5年的艰苦训练之后，我终于注意到了这些事情，但它们都没有什么用处。我难以置信地专注于怎样才能赢得比赛，这是我相比对手的优势。

我们提前了10天抵达首尔①，之后我几乎没有离开过我的房间：吃饭，训练，睡觉，以及努力不让自己发疯，因为期待了4年的比赛终于进入倒计时。在比赛开始的发令枪响之前，运动员们只有4年的时间来为他们的比赛做准备。一旦到达赛场，你就不可以再找任何借口，因为4年的倒计时已经到了最后一秒，发令枪响起了，而你只有1分47秒的时间来证明自己是历史上最优秀的200米自由泳运动员，这时候任何借口都一文不值。如果在这种情况下，你的脑海里还有什么借口的话，那么，显而易见，你输了。你为了让自己呈现出最佳状态花费了数年时间训练，原本可以得到满堂喝彩，然而比赛前一场病毒或感冒就会让你的优势消失殆尽。你站在起跑线上，状态不佳，信心不足——然后你的对手还让你心烦意乱。你4年的训练时光就这么前功尽弃了。这听起来很可怕，但在每届奥运会上，许多有希望夺得金牌的选手身上都会发生这种事情。和其他奥运选手一样，你有4年的时间，如果你没有充分利用这段时间，你就无法获胜。

所以，我到奥运村后差不多有10天没有去过奥运村以外的任何地方，也很少离开自己的房间。

---

① 首尔，旧称"汉城"，于2005年1月19日由时任市长李明博正式宣布改为"首尔"。

1988年，我做好了准备，意志坚定，胸有成竹。有几个人知道我在训练时的用时打破了纪录，他们认为我有希望争夺金牌。我已经尽了一切努力来争取这次比赛机会，而且我必须在那一天与200米自由泳史上最快的男人一决高下。很容易，对吗？

在200米自由泳比赛时发生的所有事情感觉都是命中注定的。25年后再回想起来，我仍然为当时如此顺利赢得金牌而感到惊讶。我赢得游泳比赛的方式就是做足准备从而让自己充满信心。在训练中越努力，在比赛中就能游得越好；我敢肯定，在游泳生涯的大部分时间里我都训练过度了。为了汉城奥运会，我在1988年之前的训练多得简直令人难以置信，超过了所有人，这给了我赢得比赛的信心。我知道进入决赛的其他七个选手都没有接受我进行过的训练。因此，当发令枪响，我只需向大家展示我的内心感受就可以了。凭借着这种信心，我在前100米游得比以往更快，因为我知道我完全能够在后半程以绝佳的状态冲刺。

我做到了，对手没有在第二个100米中追赶上来。我继续奋力向前，打破了世界纪录并夺得金牌。

我喜欢所有关于奥运会金牌得主的古老故事，但真正激励我的是那些出身卑微、多年来在训练中变得像"动物"一样的人。然后，他们以极大的勇气和决心战胜了所有对手，取得了惊人的胜利。我梦想着成为像埃米尔·扎托佩克、弗拉基米尔·萨尔尼科夫（Vladimir Salnikov）、拉瑟·维纶（Lasse Virén）和赫伯·艾略特（Herb Elliott）那样的奥运会金牌得主，他们从不因任何事情停止训练，最终赢得了金牌。

加拿大　约翰·蒙哥马利

奥运会俯式冰橇金牌获得者

运动生涯杰出表现

- 2010 年温哥华冬季奥运会金牌得主
- 2008 年阿尔滕贝格世界锦标赛银牌得主
- 2008 年阿尔滕贝格世界锦标赛银牌得主（混合代表队）
- 2011 年柯尼希斯湖世界锦标赛铜牌得主（混合代表队）

对很多人而言，运动意味着许多东西。运动是某些人的出口，也是另一部分人的入口；运动是少数人开启美好生活的途径，也是多数人达到某种目的的手段。我是众多后者中的一员，以前，我从来没有勇气或信心去发现自己擅长的运动，去了解如何用运动来达到某种目的；现在，我简直不敢相信自己在运动方面如此充满激情，以至于想去尝试新事物，过一过舒适区之外的生活。

我是在加拿大曼尼托巴省的农村长大的，我很幸运在差不多的时间与另外 16 个男孩出生在同一个小镇，一起成长为出色的运动员。我和朋友们课间休息时一起玩耍，放学后一起打曲棍球，冬天一起玩冰球，夏天一起打棒球。我们队的成员是从 1 600 个社区中精挑细选出来的，在省里一些顶级教练的指导下，我们队赢得了 8 个省级冰上曲棍球冠军以及2个省级棒球冠军和1个加拿大西部棒球季军。我们一直是球员体格最小的球队，但一打起比赛我们就瞬间变得高大起来，我们从来不会在没有必赢信念的情况下踏上冰场或赛场。我认为，我们唯一且最大优势就是我们非凡的自信。

那些惯用恐吓手段使他人屈服的球队对我们的表现大吃一惊，因为我们从不退缩，我们在他们的持续施压下能一直拼到记分牌上的倒计时结束或决赛的最后一秒。这种在面对巨大困难时依然永不言败的态度和信念，是我们在无数比赛中获胜的决定性因素，在那些比赛中，我们几乎在每个方面都处于下风，除了我们的自信心！简而言之，我们相信我们会实现我们所追求的目标。

成长过程中学到的东西塑造了我的成年生活。搬到艾伯塔省的卡尔加里后，一完成大学学业，我就开始拼命地寻找一些可以称之为我自己的东西，一些可以让我全力以赴的东西。在我的成长过程中，曲棍球一直是这种"东西"，但自从高中毕业后，我再也没有参加过比赛，我非常渴望在冰上全力以赴时所体验到的那种人与人之间的友爱和自我满足感。大学期间，学业在一定程度上填补了这个空白，但写作测试与体育运动中的勇气测试并不相同。正是那种感觉，那种身体上的挑战以及那种想要身披国旗代表国家站在某个领域的领奖台上的终生梦想，激励着我尝试新的运动，那些只在有奥运遗产的城市提供的运动，以寻找达到某种目的的方法。

2001年秋天，搬到了卡尔加里后，速滑是我尝试的第一项新运动。由于此前我几乎都在冰鞋上度过，我理所当然地认为转型速度滑冰是一件不费吹灰之力的事。然而，我错了，大错特错。曲棍球冰鞋之于这种超薄超长且在靴子上没有踝部支撑的冰刀,就像木屐之于周仰杰(Jimmy Choo)的鞋(我妻子说这是一种高档女鞋)!我真的非常喜欢速度滑冰,并且还设法琢磨明白了曲棍球步法和速滑步法之间的区别,但我想再尝试一些其他运动,然后才决定最终从事哪一项运动。成为国家队运动员仍然是我的目标,我必须既勤奋又聪明。

我曾经考虑过尝试无舵雪橇,这是一种只有举办过冬奥会的城市才能提供给居民的运动。但2002年3月,我与父母无意中走进了位于卡尔加里的加拿大奥林匹克公园并第一次观看了俯式冰橇比赛后,我立即意识到这就是我一直在寻找的"东西"。

时隔54年[①],俯式冰橇重新被列为奥运会的正式比赛项目,一个月后,我第一次在冰面上失去了控制,一个倒栽葱,摔倒在一只雪橇上,后来我跟朋友们形容这是一个装了轨道的自助餐盘,以每小时超过45英里的速度向前滑行。短短8年之后,在2010年冬奥会上,我从不列颠哥伦比亚省惠斯勒的山坡上滑了下来,速度比之前几乎快了一倍,实现了自己的终极梦想:身上披着枫叶国旗,脖子上挂着奥运会金牌。

在第一次滑行之后,我虽然还不清楚这到底是怎么一回事,但毫无疑问,我知道自己找到了新的"东西"。我虽然还不知道自己想在这项运动中取得什么成就,在一个星期前,我甚至不知道它的存在,但我知道我一定会全力以赴地去寻找这个问题的答案。我相信我能找到答案的唯一途径就是要去努力,去牺牲,去挥洒血汗和泪水。我相信这将是我

---

① 俯式冰橇因危险性较高,于1948年冬奥会后被取消,直到2002年盐湖城冬奥会才再度成为冬奥会比赛项目。

的成功之路。这并不是赢得比赛的必经之路，因为我无法确保自己一定比其他冰橇运动员更出色，但我知道我能够成为最佳滑手，因为我有我的制胜之道。我想知道，我能有多出色，怎样才能成为最好的自己。结果并不由我们自己决定。那是我们无法控制的。我们能够控制的只有我们的态度和信念，即我们相信自己能够做到最好。有时我们的个人最佳成绩比别人的更出色。那些实现自己梦想并发挥出自己潜力的人与那些没有实现梦想的人之间的区别在于，他们一开始就相信他们能够实现他们所追求的目标。

东德　加布里尔·奇波洛内

奥运会赛艇金牌获得者

运动生涯杰出表现

- 1980年莫斯科奥运会金牌得主（女子八人艇）
- 1976年蒙特利尔奥运会金牌得主（女子四人艇）
- 1977年阿姆斯特丹世界锦标赛第一名（女子八人艇）
- 1978年新西兰世界锦标赛第二名（女子八人艇）

我的赛艇之旅有点坎坷，我刚开始赛艇时，没有人觉得我会成为奥运冠军。

1970年，当一位招募教练邀请我去艇库时，我对赛艇这项运动还一无所知。但我的身体条件和心理素质都非常有利于我从事赛艇运动。我身材高大、强壮、精力充沛，意志坚定且雄心勃勃。不过，在此之前，我参加了各种不同类型的运动。

我从事赛艇运动的前五年并不是非常成功，但因为觉得很开心，所以还是继续接受训练。在这个时候，我还没有想要加入国家队，因为这对我来说似乎太遥远了。

1975年12月，我走到了一个十字路口，我不得不在此时做出重大决定。我们的俱乐部专门为国家队培训合格的桨手。我成绩落后太多了，因此教练希望我退出。幸运的是，四人艇还缺一位强壮的女人作扫桨手（使用一支桨）。我那时才18岁，要么下定决心再试一次，要么去上大学，努力学习，将来成为一名土木工程师。

当时，有人跟我说："你做不了的。"我很生气。我的雄心让我无法就此罢休，我想着："我会证明给你看的。"为了与其他赛艇队员配合得更好，我非常努力地练习自己那部分的技巧。1976年5月，我们获得了四人艇的奥运参赛资格。

今天，我很感激那位教练，因为他的决定迫使我去思考自己真正想要的是什么：我是否愿意利用自己的能力，再接再厉成为世界级的赛艇运动员，抑或我是否满足于自己目前所取得的成就。两条路都不错，我只需要决定走哪条路，然后全力以赴去做好。

我们的赛艇队在参加1980年奥运会时尚有很多不足之处。看过我们不久前在莫斯科的比赛后，我能清楚地记得每一个细节。

我们教练的战略是将苏联人作为我们最难对付的竞争对手。我们知道，她们在最后250米（1 000米赛艇）的速度是最慢的。我们的目标是紧随其后，不要让她们在距离终点线最后250米处超过我们半艘艇的距离。

出乎意料的是，现实看起来与我们设想的有点不同。当我们艇长向我们大喊"只剩最后250米了"时，苏联人已经超过我们一艘艇长了。

我记得自己当时认为这种情况简直难以置信；我们必须尽快做点什么。艇上的每个人似乎都是这么想的，于是我们的赛艇飞一般向前挺进。这很快缩短了两艘艇之间的距离，让我们足以用最后两划赶上苏联队。

我们每个人都适应了新情况，听从艇长的指挥，并且更加努力地团结起来，一起实现我们的目标。有时候，消极思想（即放弃和失败）和积极思想（即告诉自己去争取并希望获胜）之间只有一线之隔。

整个团队表现出了伟大的精神，我非常感激她们。

现在，作为一名教练，我会告诉我的运动员们，不必太在意在训练或比赛的某些时刻自己处于弱势。我们都是人。重要的是不要放弃，知道这是可能出现的情况，并相信自己能够重拾信心，继续战斗，甚至变得比以前更加强大。我们必须一次又一次地练习在这样的时刻自己应该怎么做。

我相信精神力量能够主导任何级别比赛的输赢。

加拿大　亚当·克里克

奥运会赛艇金牌获得者

运动生涯杰出表现

- 2008年北京奥运会金牌得主（男子八人艇）
- 2007年慕尼黑世界锦标赛金牌得主（男子八人艇）
- 2003年米兰世界锦标赛金牌得主（男子八人艇）
- 2002年塞维利亚世界锦标赛金牌得主（男子八人艇）
- 两届奥运会选手（2004年，2008年）
- 2010年加拿大年度运动员领袖
- 2005年斯坦福大学年度运动员

我收到的最好建议是我的奥运教练迈克·斯普拉克伦（Mike Spracklen）问我的一个问题："亚当，你想要赢吗？想吗？"这个问题的好不仅在于问题本身，也在于询问的时机。每当我的行为与我的目标不一致时，他就会问我这个问题。当我训练迟到、恢复不正常、表现不佳或偷懒时，我也会听到这个问题。

生活中，我们需要导师，他们会诚实地向我们提出振聋发聩的问题。这些问题直击我们的心灵，揭示出我们迈向世界级成功所需的更深层次的动力。在适当的时候去质疑我们的动机，我们会获得更强烈的精神和心理驱动力。

我相信，每一瞬间的在场意识是有效训练的金钥匙。训练并非只是要求我们的身体做做动作，走走过场，而我们的思想和精神却停留在别处。相反，训练要求我们全心投入，全力以赴，从而让习惯和技巧在我们的潜意识里根深蒂固。在训练中，专注当下是为了在我们的头脑、身体和精神中创造一种无意识能力。

把思绪拉回当下的一个好方法是，想象一个老师、教练或和尚正站在我的肩膀上。当我开始胡思乱想一些与当前任务无关的事情时,他就会大声提醒我:"回到当下!"然后,我就会全身心回到当前的任务中。

体育竞赛最大的目标就是获胜。然而,我发现过度注重获胜会削弱我们的表现能力。这就好比寻找一个完美的男人或女人,或是赚大钱。如果只专注于结果,你就会一直单身或贫穷下去。所以,我们必须把注意力放在更高的目标上:展现真实的、最好的自我。

竞争暴露了我们的情感、精神和心理存在的核心。竞争对手是一种极端的外部动力,帮助我们更加深入地发现自身最好和最差的品质。在竞争和挑战中,我们找到了内心的真实。比赛时,你愿意付出多少努力?你的技术如何?你今天准备得怎么样?阻止你展现最佳自我的是什么?当最佳自我显露出来时,你感觉如何?

留意自己在比赛前后与比赛期间的反应,但不要对此做任何评判。观察并记录自己的行为。记录你对外界信息的反应会为你带来进步所需的重要问题。然后向你的教练、运动心理学家或精神导师咨询这些问题。探索这些问题将为你的训练、下一场比赛以及运动后的生活提供更多的能量。

如果你在比赛中寻找真实的、最好的自己,你会找到的。令人愉快的胜利也往往会随之而来。

起初,我把奥运会看得比生命还重要,非常紧张。然而出人意料的是,奥运比赛与普通比赛相差无几。一开始,我感觉怪怪的,没有往常的熟悉感和舒适感;这吓到了我。为了应对这一切,我需要抛开对自身反应的评判,并相信我的身体拥有比我那善于分析的大脑更大的智慧。

我在竞技生涯中养成的一个习惯有助于我在奥运比赛时

保持清醒。这个习惯可以帮助我达到适当的紧张状态。压根儿不紧张是不好的。你需要紧张的情绪才能发挥出最佳水平，但倘若紧张到了会加剧消极思想和恐惧的程度也是不好的。

在任何重大的比赛或测试的日子，我都会不断地告诉自己："今天是一个非常特殊的日子——和其他任何一天一样，但多了一点特殊。今天是比赛日！"比赛日，尤其是我的奥运比赛日，就是那么特殊。给比赛的日子贴上"特殊"的标签，我们就能泰然自若地做出意想不到的心理反应。意想不到的反应在特殊日子里是很被期待的。

高效团队的箭袋里总有许多箭，而失败团队的箭袋里总缺一支箭：团队认同感。所有团队成员都必须全心全意地投入到团队的目标中去。

我见证过无数次自负与自傲是如何摧毁一个团队的潜力的。你的想法唯有好到能被你的教练和队友接受才有价值。如果你的想法被拒绝，那就放弃吧。

所有团队都应该遵循的一句箴言是："如果你想赢，就必须认同你的团队。"这是一个主动的选择，可能并不容易。认同会让你变得脆弱，因为它需要你降低自我意识。你失去了一些控制力。你需要抛弃那些来自以前团队和局外人的想法。

运动员必须对自己说："我选择对团队的理念、目标和成果百分百地投入。我会努力扮演好自己在团队中的角色。"这意味着要倾听并信任你的教练和队友。你必须让自己与团队之外的人的意见保持距离。媒体、父母、朋友和局外人都各有各的观点，可能会影响你对团队的认同。

如果你的团队成员都对团队有着强烈的认同，那么你们将真的一往无前。

美国　达纳·喜

奥运会跆拳道金牌获得者

运动生涯杰出表现

- 1988年汉城奥运会金牌得主（女子轻量级组）
- 1988年美国全国锦标赛银牌得主
- 1987年巴塞罗那世界锦标赛第五名
- 1987年美国全国锦标赛银牌得主
- 1986年伯克利世界大学生运动会铜牌得主

优秀运动员和金牌得主之间的区别在于思维模式。信之，方能使之成为现实。我知道这是事实。作为跆拳道这种搏击对抗性很强的运动的奥运会金牌得主，我一次又一次地发现情况确实如此。

我从3岁起就被遗弃和虐待，在孤儿院长大，15岁时就开始在街头讨生活，那么我是如何学会这些的呢？特别是自年轻时起，我就学会了逃避任何机会、挑战或梦想，因为我几乎没有什么自尊或自信。事实上，我是自己成功最大的敌人。那么，我是怎么做到的呢？我是如何实现180度大转变的呢？

一步一个脚印，循序渐进！

首先是欲望和梦想。接下来是决心。然后我学会了专注、坚持和准备。最后，所有这些都教会我要相信自己。

没有行动，一切只会一成不变。即使你走的那一步是错的，一个举动就能打开那扇你不相信自己的大门。这能带给你从未有过的领悟。永远不要害怕抓住机会，勇敢地迈出一小步。

不要把注意力集中在你想要的最终结果上。专注于你所迈出的每一小步，每一步都会引领你迈向下一步。想象一下自己正在横渡一条很浅但水流湍急且危险的河。如果你朝远处的对岸望去，你会发现水流汹涌，异常凶险，这时你可能会扭头回去。然而如果你环顾四周，找到一块踩踏石，把第一块石头放进靠近岸边的水中，然后踩在第一块石头上放第二块石头，按照这个方法把注意力集中在当下需要做好的每件小事上，你就会在不知不觉中抵达彼岸。你没有空去担忧自己会偏离轨道。我们常常认为我们的目标是难以实现的，而事实上它只有一步之遥。

关于坚持不懈的真理只有一个，就是：永不言败才能坚持不懈。不管你的任务多么艰巨，永远不要放弃。如果你遇到了看似无法克服的障碍，那就找出解决办法。我是怎么做的呢？在备战奥运会时，我的背受了重伤，导致我无法参加训练。如果我不能在最后几周进行训练，我就没有获胜的机会。所以我就在脑海里训练。我在想象中练习动作以及与比赛有关一切。等到比赛的日子如约而至时，我的背已经得到了足够的休息，我也能够参加比赛了，我在脑海中的训练弥补了身体训练的匮乏。

准备好比鸡蛋的蛋壳。没有准备，你就只有一团黏糊糊的蛋清。比赛那天走进奥林匹克体育场时，我心情愉悦。热身时，我觉得自己准备好了。我的内心确信这是属于我的一天。只是就在我踏入赛场之前，发生了一些事，使我的精神受到了打击。顷刻之间，旧日的恐惧涌入心头，我一下子失去了信心。但为了来到这里，我已经付出了极大的代价。我知道我的训练足够了，又有速度和力量。我知道我已竭尽全力为此时此刻做好了准备。就在那一刹那，我明白了："我准备好了。我足够优秀！"我把所有疑虑都抛到一边，向拳击场迈出最后一步。奥运会金牌，我来了！然而，如果我知道自己尚未做好充分准备，我一定会崩溃的。

在我人生的前25年里，我逃避任何机会、挑战或梦想，我觉得自己就是一个失败者。现在，在奥运会之后，在做了超过17年的顶级特技女演员和励志演说家后，我明白了，即使我输了，我也赢了。因为无论经历了怎样的恐惧、障碍或挫折，没有什么能够夺走我内心深处的自豪感与满足感，而且我依旧有勇气去做自己想做的事情。

只需一步一个脚印，伟大的事情皆有可能。

美国　尼克·海松

奥运会撑竿跳金牌得主

运动生涯杰出表现

- 2000年悉尼奥运会金牌得主（结束了美国长达32年没能在撑竿跳项目中获得奥运会金牌的历史）
- 2001年埃德蒙顿世界锦标赛铜牌得主
- 1994年亚利桑那州立大学NCAA冠军
- 代表亚利桑那州立大学连续两届夺得太平洋十联盟（Pac-10）冠军（1993年，1994年）
- 1990年亚利桑那州高中冠军

在我的职业生涯中，我经历了很多次伤病。我明白，这些伤病给了我集中注意力的良机。让康复成为你的新运动是一种不错的方式。此外，我认为受伤就是你自身弱点的确凿证据，同时促使你去注意这些弱点。许多踝关节和膝关节受伤都是由于平衡性差造成的，治疗这些伤病会让你解决这个弱点，最终可能使你变得更加强大。

1998年，我进行了一次踝关节手术，这让我在赛季里打了8个星期的石膏。我不仅利用那段时间顺利康复，还让我的撑竿跳水平更上一层楼。我每天都在高杠上练习。在受伤后的第一场比赛中，我轻松地跳出了18英尺8英寸[①]的成绩，在接下来的8年中，我跳高的平均成绩提高了将近1英尺，从18英尺提高至18英尺8英寸，再到18英尺10英寸。我还夺得了奥运会金牌和世界锦标赛铜牌。很多次受伤最终都让我因祸得福，这一次毫无疑问也是。

我告诉我的运动员们要这样想：努力提高运动水平或实现目标就跟爬山一样。山路有缓有陡，有的甚至是悬崖峭

---

① 1英尺 = 12英寸。

壁，并且它们不总是通向峰顶。有些山路在上升之前会先下降。山路中的这些下坡好比受伤、疾病或训练中的其他挫折。作为运动员，只要我们继续走下去，向前迈进，我们就是在竭尽全能做到最好。当事情上坡时很容易，因为你可以看到自己越来越接近峰顶，但当事情下坡时你必须把注意力都集中在目标上。

单纯地担心和为自己感到难过并不会使你在这条路上勇往向前；不要只盯着自己在走下坡路的事实。是的，在走下坡路时担心是应该的，因为担心表明你承认这条路并不完全是你想要或希望的，但你也应该从这份担心中得到启发，在前进的道路上树立新的目标来解决问题。如果你生病了，无法进行训练，你可以选择因为自身问题而沮丧，这很可能会延长你的康复期；你也可以做一些事情来让自己恢复得更快更好，如好好休息、多喝水、看医生和合理饮食。如果你康复得好，你就有机会继续前进。

美国　菲尔·梅尔

奥运会高山滑雪金牌获得者

运动生涯杰出表现

- 1984 年萨拉热窝奥运会金牌得主（障碍滑雪）
- 1980 年普莱西德湖奥运会银牌得主（障碍滑雪）
- 1980 年普莱西德湖世界锦标赛金牌得主

10岁那年，也就是1968年，我和双胞胎兄弟史蒂夫一起观看法国格勒诺布尔冬奥会，法国的简-克劳德·基利（Jean-Claude Killy）赢得了3枚金牌。大家都对这一成就赞不绝口，从那时起，我们两人就开始梦想着在1976年代表我们国家出征奥地利因斯布鲁克奥运会。

　　5年后，1973年的春天，我被选入了美国滑雪队，一切似乎都按照计划朝着梦想成真的方向奔跑。然而，再好的计划也不会始终一帆风顺。1973年11月，就在我即将启程前往欧洲首次参加国际比赛的前几天，我遭遇了雪崩并摔断了右腿。错过1974年的滑雪季会让我的梦想更难实现，但我的目标从未动摇过，即进入1976年的奥运代表队。

　　不幸的是，上帝另有安排。也许他觉得我的心理还不够强大，需要更多时间来加强心理承受能力，因为9个月后我的腿再次骨折，错过了1975年的大部分赛季。我只能参加1975年12月和1976年1月的国际比赛，以争取获得2月份奥运会的参赛资格。凭借着极大的决心和专注力，我的成绩非常不错，在代表队中赢得了一席之地，并最终在障碍滑雪赛中获得了第五名。

　　这一结果开启了我的新目标：1980年纽约普莱西德湖奥运会。在接下来的三个赛季中，凭借着同样的决心和专注力，我发挥出绝佳的水平，赢得了不少比赛，并且成为这一赛事颇具实力的竞争者。但是1979年3月，距离奥运比赛仅剩11个月时，我的左脚踝骨折了，完美的计划再次被打断。这次受伤需要进行4个半小时的手术，把7个螺钉和1块2英寸的钢板植入脚踝处来固定所有骨头。我以前也有过这样的经历，所以我从未放弃参加奥运会这一目标。尽管身体状况尚未完全恢复，但强大的精神毅力使我在障碍滑雪赛中一举拿下 1 枚银牌。接下来的问题是"我还要开始另一个 4 年计划吗"以及"我会一直保持健康或竞争力吗"。两个问题的答案都是"为什么不呢"。

1984 年南斯拉夫萨拉热窝奥运会是我获得奥运会金牌的最后机会。到了这个时候，我非常了解获得奖牌的难度，更不用说夺得金牌了。一切都必须到位——健康、体力以及最重要的心理状态和专注力。这是我第一次在没有受伤的情况下参加奥运会。正常发挥，没有失误，这足以让我获胜了。

回顾我的职业生涯，充满了关于比赛、输赢的美好回忆，但最重要的是那段旅程。这是一段通过运动教会我人生道理的旅程。心怀梦想，志存高远！

澳大利亚　娜塔莉·库克

奥运会沙滩排球金牌获得者

运动生涯杰出表现

- 2000 年悉尼奥运会金牌得主
- 1996 年亚特兰大奥运会铜牌得主
- 2003 年里约热内卢世界锦标赛铜牌得主
- 五届奥运会选手（1996 年，2000 年，2004 年，2008 年，2012 年）

从很小的时候开始，我的祖父就鼓励我要有远大的梦想，定下梦想就要去争取实现它。这是我 8 岁时的事情。我说我想要赢得一枚奥运会金牌。我不知道如何赢得它，也不知道通过哪种运动去赢得它，但一位赢得 1982 年英联邦运动会金牌的澳大利亚同胞激励了我。

如果你设定了一个"看似不可能"的目标，不要因为害怕万一没有成功会被别人认为是个失败者而把它藏在信封或梦想蓝图这些别人看不见的地方。我的哲学是，一旦决定了想要什么，就要坚定不移地告诉尽可能多的人。在悉尼奥运会前两年，我就告诉别人我会是 2000 年奥运会的金牌得主。一旦你非常坚定地跟别人这么说了，不仅从此往后你的言谈举止、行为处事必须像金牌得主一样，而且人们也会开始以各种各样你想都不敢想的方式支持你。

当然，也会有人说你做不到，甚至可能嘲笑你。你只需要无视他们，继续前进，甚至可以决定不再与这些人为伍。如果朋友、家人或同事不支持你，你就得和他们划清界限。否则，在这段旅程中你就得负重前行。

一开始，我不敢告诉别人我要赢金牌，一些运动员同行说我是白日做梦，问我为什么要这么说，还说这很尴尬。然后，我不再跟别人说我要赢金牌，但这种想法却越来越强烈，我的整个生活开始被金色吞没——我的烤箱、太阳镜、手表、汽车、肥皂、床单、短裤——一切都是金色的。每当我看到金色的东西，它就像一块磁铁，吸引着我靠近它。这向我的潜意识发出了一个非常强大的信息：除了金牌我别无选择。

人们常常问我，如果得了第二名怎么办，我说我会将银牌涂上金色。这和奖牌无关,而是我要过一种金牌生活。最后的考验就在地球上最大的体育赛事的那一天,而奖牌就是对你的努力的奖励。但是一路走来,我每天都获得了奖励。我的整个旅程都是金色的。今天,你准备开始做些什么来让你的生活变成金色的呢?

当事情进展顺利时,一切都很容易,但当生活不那么顺利时——当你处于低谷时——你需要知道让自己重回巅峰的方法。这个时候你通常需要支持;你需要与一群人在一起,你需要寻求帮助。有人认为寻求帮助是软弱无能的表现,但事实并非如此。寻求帮助其实就是团队合作;当你与别人合作时,不仅能减轻彼此的压力,也能相互支持。无论是个人还是组织,都能找到与之携手并进的伙伴。这样,世界会更加美好。

加拿大　格伦罗伊·吉尔伯特

奥运会田径金牌获得者[1]

运动生涯杰出表现

- 1996年亚特兰大奥运会金牌得主(4×100米接力赛)

---

[1] 本次对格伦罗伊·吉尔伯特的独家专访是由 Kickass Canadians 网(网址:www.kickasscanadians.ca)的创始人阿曼达·塞奇(Amanda Sage)为本书专门进行的。——作者注

- 1997 年雅典世界锦标赛金牌得主（4×100 米接力赛）
- 1995 年泛美运动会金牌得主（100 米）
- 1995 年哥德堡世界锦标赛金牌得主（4×100 米接力赛）
- 1993 年斯图加特世界锦标赛铜牌得主（4×100 米接力赛）
- 参加了八届奥运会——五届以运动员的身份（1988 年，1992 年，1994 年，1996 年，2000 年），三届以教练的身份
- 2004 年入选奥林匹克名人堂
- 2008 年入选加拿大体育名人堂

　　我认为，运动是人生的一种隐喻。作为运动员所吸取到的教训已经转化为我的日常生活经验，我相信它们会使我变得更优秀、更无私。我要学习自我克制与坚忍不拔，我也要学习如何成为一名好的队友以及如何欣赏沿途的风景，而不是只关注最终的目标。无论是作为一名运动员还是作为一个普通人，这些经验对我来说都非常宝贵。

　　体育运动最先吸引我的是它的竞争性。我喜欢通过与他人竞争来了解自己的实力。曾经有一段时间，我非常认真地对待田径运动，但没过多久我就意识到，世界上总有人比你更具天赋，如果试图与他们竞争，你会感到失望的。因此，我开始设定我个人可以达到或试图达到的目标，而不是把注意力放在我想要击败的某个人身上。而我也开始从与某个人竞争到明白我必须根据自己的天赋去了解自己的能力的转变。

这并不是说天赋是最重要的。如果用百分比来衡量我成功的因素，我会说，大概是 70% 的努力加上 30% 的天赋。我从未真的认为自己在田径运动方面天赋过人；我只是把自己看作一个不懂得何时停下来的人。每一次，我都毫无保留。于我而言，努力肯定比天赋更重要。

我不认为有什么真正的成功秘诀。大多数人在思考一个运动员要登上领奖台需要什么时，他们想到的是努力、奉献和毅力。除此之外，再无其他。但我认为最重要的因素是运气。

在整个职业生涯中，我抓住了许多机会。1994 年，我参加了利勒哈默尔冬奥会的雪橇比赛项目，在山上，任何事都有可能发生。我被撞了好多次。我非常认真地参加田径训练，但我也不介意在路上尝试一下其他运动。我很幸运，它们都对我很有帮助。

我开始滑大雪橇的主要原因是我太过专注于田径运动，这让我精疲力尽。我对田径运动逐渐感到沮丧和厌倦，我没有看到我认为自己应该取得的进步。所以我决定参加大雪橇比赛，因为我想如果我花一个冬天的时间来滑雪橇，这会让我变得更加强壮，对 100 米短跑的加速阶段（前 40—50 米）更加有利。

结果证明，确实如此。第二年夏天，我在 100 米短跑中取得了个人最佳成绩，这一切都是在滑大雪橇之后发生的。当时我孤注一掷，很多人都认为我在滑了一个冬天的大雪橇之后再也无法重回田径赛场了。但是打破田径运动的单调乏味却在身体上和心理上都帮助了我。当我重新站在短跑赛道上时，我感受到了全新的活力和专注力，我认为这是我能够维持如此长的职业生涯的一个重要因素。

我继续不时地尝试不同的事物，因此当我重返赛道时，我总是会非常专注。例如，1996 年春天，我接受了旧金山 49 人队选拔赛的邀请——尽管由于接传球时我的手被打断了最终不得不中断比赛。

无论结果如何，找到保持对田径运动的渴望和专注的方法对我的运动生涯来说非常有益。作为一名教练，我现在利用这一点鼓励我的运动员花时间进行身体上和心理上的恢复。鼓励那些想全身心投入自己所从事的运动的年轻运动员这样做可能并不容易。但重要的是，当他们在考虑自己的运动目标时也要看到全局。即使你参加的是 100 米短跑，你的职业生涯也将是一场马拉松，而不是短跑。你必须能够享受这个过程。

我并不否认，1996 年在亚特兰大夏季奥运会上夺得金牌是我职业生涯的高光时刻。但无论是对我个人还是整个接力队来说，这次比赛的结果都可谓水到渠成。我们的旅程始于 1992 年，经过长达 4 年的漫长转变，最终在赢得奥运会金牌的这一刻达到顶点。一路走来，我们完成了很多精彩的赛跑，也经历了很多失望。但是无论怎样，我们都坚持下来了，这就是我们在亚特兰大夺得金牌的原因。

是的，我们在奥运会上获胜了，这是每个运动员努力的目标。但如果没有经历之前发生的一切，我们就不可能实现在奥运会上夺冠的梦想。这是我从我的职业生涯中学到的最重要的一课之一：奥运的胜利不仅仅是夺冠的那一刻，它是无数努力的结晶，它比任何个人的胜利都盛大得多。

在本章中，我们从几位运动员那里了解到他们取得成功的心路历程。如何在运动以及生活的其他方面，以与奥运选手相同的强度，发挥出冠军水准？关于这一点，我们可以从这些冠军身上学到许多东西。现在，花一些时间来想想这些金牌得主们的心路历程。他们所经历的事情与你现今的情况有着怎样的相似之处？你能从这些冠军做出的决定中学到什么呢？

你正处于从优秀到顶尖这一旅程的哪个位置？你是否会效仿邓肯·阿姆斯特朗把注意力全部集中在夺金这件事上？你是否会像尼克·海松和菲尔·梅尔一样，在重返赛场前的伤病恢复期间一直积极乐观、坚持不懈？身处困境时，你是否会像达纳·喜那样保持意志坚强？我们所有人都能够学会像冠军一样思考、感受和行动，因此请记得将这些奥运会金牌得主的经验运用到自己的比赛中。

第 9 章

你的世界顶级比赛计划

如果没有好好准备,你就等着失败吧。
——本杰明·富兰克林(Benjamin Franklin)

如何把所需的全部信息汇总起来制订一个简单可行的计划？达到这一主要目标的关键在于制订一个有助于你进步的心理计划。首先，利用提供的心理技能记分卡评估你比赛的心理状态。这对制订一份制胜的心理训练和比赛计划会有所帮助。接下来，创建一套自己的赛前准备程序，这样在发令枪响或冰球掉下来时你就能开足马力。学习如何在必要时在赛前跟自己说一些打气鼓励的话，并密切关注自己在重大赛事中所犯的运动员容易犯的心理错误。此外，通过控制你所能控制的，努力在生活持续的不平衡、模棱两可和变幻莫测中保持情绪稳定。

心理技能记分卡

哪些心理技能你运用得非常好？哪些运用得还不够自

如？首先，评估你当前的心理技能表现，以确定你的优势和不足。其次，想清楚你需要做什么才能将你的心理技能和策略提升至最高水平。再次，搞清楚如何在训练和比赛中利用你的心理技能和策略。最后，制订你的个人心理技能成长计划，并牢记在脑子里，这样你就可以在需要时随时使用它。

以下是一张心理技能记分卡，可快速评估出你在比赛时的心理状态。现在，花几分钟时间来回顾一下自己过去三个月的训练和比赛表现。从1—10（1 = 最低分，10 = 最高分）诚实准确地给自己当前在以下几项心理技能上的表现打分：

_____ 目标设定：我有明确的日常提升目标，而且我明确知道自己想要实现的长期目标是什么。

_____ 心理意象：我能真切地看到并感觉到自己表现良好。

_____ 自我暗示：我能保持思想简单、积极、强大。

_____ 提高自信：在最需要我积极乐观的时候，我具备这样的心态。

_____ 专注当下：我能专注于当下的目标。

_____ 呼吸控制：我能在压力下轻松地深呼吸。

_____ 心理韧性：在逆境中，我会努力进取，保持积极的心态。

_____ 焦虑管理：我能与焦虑和平共处。

_____ 自得其乐：我能在比赛中融入玩笑、娱乐和幽默，我会避免把比赛变得严肃、沉闷和紧张。

_____ 身体语言：我把自己当作冠军。

_____ 适度紧张：我的精神紧张水平刚好与当下的

情形相适合（不会太高，也不会太低）。

_____ 自我肯定：我经常重复一些极具意义和信念的有力量的话语。

心理技能得分：_____

你的分数如何？每个人的总分会在12—120分这个范围内浮动，平均分约为60分。加强自己的心理技能，使你的总分不低于84分，即每项得分至少为7分。随后，努力进一步提高每项心理技能。请记住，这些心理技能是相互关联的，因此某一项心理技能加强了，其他心理技能也会得到加强。

你的心理训练计划。心理训练计划是什么样子的，以下是一个示例。比如，你在"提高自信"这一项的得分最低。然后，设定一个提高该技能的目标，期限为21天。重读本书第二章中"提高自信：展示自信的肌肉"这一节，并回顾有助于你提高自信的7个问题。保证在训练时保持自信的肢体语言和面部表情。找出过去的最佳表现，然后在脑海中重温它。

坚决始终处于不断完善自己的过程中。这样你就可以在一个计划周期内每天提高一两项心理技能。你可以连续7天或21天这么做，但无论你设定的目标是什么，请坚持下去。而且你不一定非要花一大段时间来做这个练习。例如，你可以在等红灯、排队或任何短暂的休息时间练习呼吸控制（15秒呼吸）。一张"力争金牌"的便利贴或一个小金点都是很有用的提示。

你的心理表现计划。将比赛日视为展示时间，而不是训练时间。山姆·史尼德（Sam Snead）是一位南方绅士，也是一位伟大的高尔夫球冠军，他喜欢说："与你带来的那个人共舞。"在比赛中，这意味着你必须用好你已掌握的东西，现在还不是改变的时候。可以进行必要的调整，但不要在比赛时尝试改变比赛。不要让你没有的东西妨碍你所拥有的东西。认识并最大化你的潜能。把注意力集中在目前做得好的地方，坚持下去，赢得胜利。

每场比赛给自己设定两到三个心理技能提升目标。找出在整场比赛中保持获胜心态的特定方法。在一张卡片上写下这些心理目标或基础要点，并带着它去参加比赛。这些目标的措辞应该是积极向上的，并且要用现在时态，这样你就会把注意力集中在你想要发生的事情上，而不是你希望避免的事情上（例如，写"坚定目标"而不是"不要分心"）。

在选择比赛的心理目标时，请确定你想要提升哪一项心理技能，这项心理技能对这次比赛最重要。你需要深呼吸才能将身体紧张降到最低吗？无论比赛进展如何，你是否一直保持着积极的身体语言？在分心或犯错之后，你能迅速重新集中注意力吗？

终极体验是踏上赛场，竭尽全力去战斗；实现心理技能目标将有助于你在比赛中发挥出最佳水平。为每场比赛调整你的心理技能目标，并决定在特定时间和地点中最重要的是什么。

以下是一个可以用于比赛的心理技能成长计划的示例：

今天，我的目标是竭尽所能，全力拼搏。我会通过以下几点来实现这一目标：

a. 我会带着目标和激情参加比赛；

b. 我在执行一项很棒的任务;

c. 在这次任务中,我会始终信心十足地思考、感受和行动。

赛前心理准备

棒球传奇人物汉克·阿伦(Hank Aaron)说:"最重要的是一个人如何做好战斗准备。"赛前例行程序是指在比赛当日按计划遵循的一套详细的行动方案,从而使你的身心能在比赛开始时做好作战准备(不要太早或太晚开火)。拥有简单可靠的例行程序可以让你比竞争对手领先一步。例行程序提供了保障和可预测性,有助于减轻赛前综合征——大多数运动员在上场前经历的过度紧张、兴奋和烦躁。

真正好的例行程序有助于将身心结合成一体在赛场上发挥作用。例行程序还能屏蔽各种干扰,例如别人主动提出的建议或对手试图让你自乱阵脚的心理游戏(说你坏话等)。在赛前只需忽略这些无关紧要的事情。例如,一些运动员会戴着耳机沉浸在他们喜爱的音乐里,而另一些运动员则会闭上眼睛想象自己正在执行他们的比赛计划。

你是怎么准备打球的?以下是一些心理作业,可以帮助你进一步制定自己的赛前策略。回想一下你在打得最好和最差的比赛前的想法、感受和准备是怎样的。在这些时候,你的方法有什么相似之处和不同之处呢?这些差异甚大的表现结果不是巧合或随机事件,而是受到了你的赛前行为的影响。也可以向你的队友和教练询问他们的意见和反馈。

你会在赛前做什么来为比赛开个好头？自我意识是改变的关键。

- 你是否会听你最喜爱的歌？
- 你是否会花几分钟时间来想象自己的最佳表现？
- 你是否会练习缓慢的深呼吸来使你的身心安静平稳？
- 你是喜欢与队友交往，还是喜欢待在自己的世界里？
- 你是否会避免与消极的人打交道以保持好心情？

在你赛前的心理和身体倾向中寻找一种能将任何不良模式转化为顶级模式的方式。是什么帮你脱颖而出？是什么导致你功亏一篑？是什么让你更容易集中注意力？你是否会任由比赛的重要性影响你赛前的准备方式？此外，反思自己在比赛中后期的表现（例如，你到比赛中场时是精力充沛还是体力不支？你是否能如愿赢得比赛？）。

在确定自己的倾向之后，制订一个进攻计划，其中要包含为了让你的表现达到最佳水平，你需要在心理上做些什么。具备有效的例行程序有助于你以理想的心态和心情到达起跑线。每一场比赛都坚持执行例行程序会使你在整个赛季中的发挥更加稳定可靠。

在设定准备程序时，尤其是赛前一小时左右的准备程序时，要知道如何激活你的思想和情绪才能充分发挥你的运动天赋。比赛前一天一定要好好看看你的心理技能目标清单，并在赛前花几分钟时间浏览一遍。做一些训练中常做的热身运动有助于你摆脱烦心事，并避免对自己的技术吹毛求疵。

记得要把注意力集中在那天进展顺利的事情上。

竭尽全力,做到最好。一位大学体操运动员与我分享,以前她习惯安静地独处,最近她发现,与队友们跳舞和互动更有助于她在赛场上高水平发挥。菲德·埃密利亚恩寇(Fedor Emelianenko),一位俄罗斯退役的综合格斗重量级选手,在他的黄金十年里,未逢敌手,所向披靡,上场搏斗之前,他喜欢和他的训练团队一起在更衣室玩纸牌放松。

然而,一些运动员在最需要例行程序的时候反而不按例行程序行事。无论比赛重要与否,无论对手是强是弱,在每场比赛之前都要执行例行程序。但是,如果比赛开始的时间延迟或你到达比赛场地的时间比预期晚,请根据情况做好调整例行程序的准备。当你的例行程序的某一部分跟不上情况的变化,或者你找到了更适合你需求的东西,那么请及时调整。在练习或训练之前,要测试一下例行程序以评估其有效性。

加拿大人达夫·吉布森,2006年都灵冬季奥运会俯式冰橇金牌得主,与我分享了他的心理准备方法。他说:

> 我参加比赛时的例行程序多年来一直在调整,我随时准备修改它以便其能更好地适应我的身心状态和环境条件。对我而言,例行程序不能太死板这一点很重要,因为我不想变更日程或遇到一些意料之外的情况,从而使自己无法继续比赛。我不喜欢听音乐。我更喜欢安静,因为我觉得这让我对自己的热身过程有更多的自我意识。我需要与我的能量水平保持协调,这样我才能达到肌肉和神经系统的平衡,从而既得到充分的锻炼,又不至于

过度劳累。我还要了解需要我或我们的团队治疗师解决的任何肌肉紧张或其他身体问题。

赛后你通常会做什么？比赛结束后这些事情很重要：拉伸，吃有益于恢复的食物，补充足够的水分，以及肯定并与他人谈论自己在比赛中做得不错的地方。想一想积极的一面。等到一天的晚些时候或第二天，在你的冠军日记中对比赛进行分析，或反思你可以做得更好的地方。

不要因为迷信丧失理智。大多数运动员都会有些迷信行为或随身带一些幸运物，如硬币、手镯或衣物。我们对这些个人物品的信念有助于我们集中精力，在很大程度上转移我们的表现焦虑。除了设定良好的例行程序外，我们也可以随身携带一些幸运物品充当积极的提示，使心中的好狼成为胜利者。

美国体操运动员达内尔·莱瓦（Danell Leyva）是2011年美国全国体操锦标赛全能金牌得主，紧接着他又在2012年伦敦奥运会上赢得了全能铜牌。他因比赛时戴着"幸运毛巾"而闻名。莱瓦会像在两场比赛间歇时的网球运动员一样，将毛巾包在头上防止自己分心。他的毛巾一直很干净，这对他的竞争对手来说是一件幸事。莱瓦开玩笑说："毛巾我洗过，不全是汗水和脏东西。"

但与此同时，你应该避免过于沉迷于这些幸运物或例行程序，因为它们会分散你的注意力。如果你过于沉迷于幸运物或例行程序，可能是因为你焦虑过度，你需要直接消除担忧和压力的根本原因。当然，幸运物这类东西不是精彩表现的必需品。纽约洋基队的伟大球员贝比·鲁斯因其在本垒板上的超凡技能而被称为"斯瓦特魔鬼",他表达了自己对迷信的看法:"我只有一种迷信。就是当我打出一个本垒打时,我一定要触到所有的垒。"

给自己打气

通常,在比赛当天上场前对自己简短地说一些鼓励的话有助于让你的大脑做好准备,尤其是当你心中"怀疑的大坏狼"开始嚎叫时。打气的话应视自身特定需求和比赛情况而定。以下是赛前给自己有效打气的五个关键点。

- 简单、清楚、有力。
- 唤起以前的成功经验,给自己信心。
- 告诉自己需要专注于什么才能发挥出最佳水平。
- 记住,没有什么可以失去的,努力争取赢得一切胜利。
- 享受每一刻。

让我们来听听疯狂三月大学篮球联赛期间两场获胜的赛前演讲。请注意这两场演讲是如何涵盖上述五个关键点的。教练必须知道什么能让自己的球队发挥作用。否则,你可能会无意中使你的团队精神紧张而不是情绪高涨。第一场演讲是由佛罗里达大学教练比利·多诺万(Billy Donovan)在2006年NCAA冠军赛中对阵加州大学洛杉矶分校之前发表的。鳄鱼队最终在对阵棕熊队的比赛中获胜,这是他们在NCAA

冠军赛中首次"背靠背"作战。以下是多诺万教练的演讲：

> 伙计们，今晚无关过去，也无关未来，只关乎现在。你们必须让这个夜晚成为永恒。你们必须整个晚上只想着奔跑、打球和防守。你们必须活在当下，并且明白前方会有逆境，也会有挑战。正是这些逆境和挑战把我们紧紧联系在一起。活在当下，珍惜每一刻，走上赛场，团结奋战。

第二场演讲是由堪萨斯大学教练比尔·塞尔夫（Bill Self）在2008年NCAA冠军赛中对阵孟菲斯大学之前发表的，松鸦鹰队在对阵倍受欢迎的老虎队中爆冷获胜。以下是塞尔夫教练的演讲：

> 你们度过了令人难以置信的一年，你们是堪萨斯篮球史上夺冠次数最多的球队。你们是堪萨斯篮球史上获胜次数最多的球队。没有人能从你们手里夺走这些。没有人。如果他们不能从你们手里夺走这些，那么基本上今晚我们也没有什么可失去的。没有什么。恰恰相反，我们能得到很多。我之所以对我们获胜充满信心是因为我们一点也不必改变自己。在过去三十九场比赛中，你们展现了你们的努力，你们展现了你们防守、抢篮板、夺球的技术和能力。我们所需要做的就是做自己。让我们好好玩一场吧。

现在，试想一下你是一名实力很强的游泳运动员；你坐在候场室里，等待与对手一较高下。当其他顶级游泳选手陆续出现时，你心中怀疑的大坏狼又开始嚎叫。你会如何反击大坏狼呢？你可以用与过程或任务相关的想法来给自己打气，试举一例如下：

好的，让我们深呼吸一下，理清思绪，集中精神。我已做好参加比赛的充分准备。其他游泳选手必须打败我；而我不必打败他们，我是无敌的。我一遍又一遍地想象我的手率先触壁。现在是专注于怎么做才游得快并取得今天最佳成绩的时候。我要相信自己的游泳动作技巧，每次触壁转身都不放松，并全力向终点冲刺。对我来说，这是百利而无一害的。我会珍惜每一刻的到来。我已经做好了充分的准备，所以让我们全力以赴，尽情玩耍，大放异彩吧！

大型赛事中的心理错误

不要未战先败。
——达雷尔·罗亚尔（Darrell Royal）
得克萨斯大学前足球主教练

让我们来看一看在重大赛事期间或大型比赛（比如季后赛或冠军赛）当天运动员经常会犯的三大心理错误（mental errors—MEs）。这三大心理错误是：（1）过分强调结果；（2）尝试太多；（3）只往消极方面想。运动员犯这些心理错误会导致其在场上出现一些可以避免的表现过失。要想发挥出冠军级别的水平，赢得比赛，就要避免这些心理错误。幸运的是，在比赛期间，你还有机会对这些错误进行心理矫正（mental corrections——MCs）。无论是赛季的哪个阶段，无论对手如何特殊，无论比赛多么重要，我们的终极目标始终如一：自始至终都要以自己的最佳状态进行比赛。这样，你才能在比赛中取得最佳成绩。

以下是阿拉巴马大学的足球主教练尼克·萨班（Nick Saban）在2012年美式橄榄球全国冠军赛前问他队员的话："你有多想结束呢？你的努力、你的激情、你的兴奋、你的坚韧，所有这些无形的东西，你会倾注在一次比赛中吗？"阿拉巴马红潮队随后以21：0大比分狂胜路易斯安那州立大学老虎队。阿拉巴马队一次只专注打好一场比赛，不会过分强调结果。他们只做了教练让他们做的事，并没有做太多。他们积极乐观，不消极颓丧。让我们听一听萨班与记者分享的赛后总结：

当然，这不是一场完美的比赛。我们的一个射门受阻了。我们很长一段时间没能达阵得分。但这些家伙一心扑在比赛上，没有任何人对比赛中发生的任何事情感到沮丧。这种态度在我们整个团队很常见。我们一次只认真打好一场比赛。无论之前的比赛情况如何，我们都对下一场比赛抱着一种"我是不可战胜的"的信念。我认为这种精神在我们球员的比赛中得到了体现。

心理错误1：过分强调结果。最佳表现只会出现在当下，因此过分强调大型比赛的结果是一个代价巨大、运动员们经常犯的心理错误。为什么呢？这是因为你已经做好了所有准备工作，不要对获胜抱有过高的期待或过于担心失败。提前过多地考虑胜利或失败的可能后果这一心理错误通常会让运动员难以发挥出其正常水平，因为他的注意力被分散了。尽可能提前降低大型比赛在心中的重要性。不要考虑比赛结果，只考虑怎么打好比赛。

如果你在比赛时容易过分强调结果，那么你需要进行的心理矫正就是**停止对输赢的结果焦虑不安**。如果你把注意力集中在比赛过程上，好比分自会出现。逐步执行你的比赛计划，只考虑要采取的下一个步骤。一旦发现自己正在琢磨团队之外的事情或担心最终的比赛结果，就进行心理矫正。立即将你的注意力重新转回到你的任务上，把握好此时此刻，专心致志地做好你该做的事情。坚持这一过程，确保每次都能发挥好，直到比赛结束。这样比赛结果就会值得期待。

不要在你无法直接控制的外部因素上浪费你的脑力和体力。这包括与比赛无关的任何事物。注意那些始终在你个人控制范围内的小细节或表现关键点，始终把注意力放在眼前的目标上。当你感到疲劳或比赛接近尾声时，过程导向尤为重要。不要追逐胜利，而要让胜利找到你。

心理错误 2：尝试太多。这也是运动员在冠军赛、国家级比赛或与较高级别的对手比赛时常犯的心理错误。因为对这些比赛的天然期望以及错误地认为自己需要比以前最好的比赛做得更好，他们对上场比赛过于热切。与其过于努力，结果变得紧张焦虑、鲁莽轻率，不如以平稳的心态打完整场比赛。有一种谬见认为，在这种境况下，你必须不惜一切代价或具备超人的表现。然而，犯下这一心理错误只会消耗你的能量，使你远离最初能让你成功的东西。

你需要进行的心理矫正是**坚持你所知道的能让你成功的东西**，如比赛时遵循例行程序。你理应出现在这里。如果你做好了充分的准备，在比赛之前或比赛期间，你就不需要更改任何在之前训练中没有出现过的东西。竭尽全力，发挥出最佳水平——无需其他任何东西。相信你从训练中掌握的才能，根据本能做出决策，自动发挥你的身体技能。

心理错误3：只往消极方面想。每次上场都要求自己的表现十全十美（或坚持理想条件）是世界级运动员常犯的另一个的心理错误。这在奥运会、温网公开赛或世界杯等大型国际赛事中尤为普遍。许多参赛者都没有意识到总会有这样那样的一些失误。人们常常误以为自己或队友每一次的发球、射门或控球都必须完美无瑕才能获胜（否则你的自我价值就岌岌可危）。然而，这个心理错误只会让你变得更加紧张。

你需要进行的心理矫正是**要积极乐观，不要消极颓丧**。在发生了一些意想不到或不想要发生的事情之后，立即停止脑海中的消极思想或负面评论。这可能是你的团队犯下的一个失误，也可能是裁判的一次误判。不要陷入沮丧、恐慌或悲观之中。立即将错误抛诸脑后，否则你会让它影响你的下一次发球或控球。

在上场之前一定要告诉自己，无论场上发生什么，你都要泰然自若，竭尽全力发挥出最佳水平。调整好情绪，不要去想在比赛过程中可能会发生的负面事件或意外事故。这种冠军态度有助于你在整场比赛中一直保持冷静和自信，并让你的才能带着你高歌猛进。

四英尺推杆与平行宇宙

让你的灵魂冷静而镇定地站立在百万个宇宙之前。

——沃尔特·惠特曼（Walt Whitman）

运动心理学家鲍勃·罗特拉撰写了畅销书《高尔夫不是一项完美的运动》(*Golf Is Not a Game of Perfect*)。高尔夫的确不是一项完美的运动，奇怪的事情时有发生，比如球卡在树上了。球洞的直径是4.25英寸，标准的美国高尔夫球直径为1.68英寸，因此每当球飞向洞穴的时候就会落入洞中——除非地心引力失效，但这是不可能发生的。

那么，为什么大多数高尔夫球手都害怕4英尺推杆呢？因为他们的思维模式，尤其是当他们的思想被怀疑笼罩的时候。优秀的高尔夫球手与普通的高尔夫球手的不同之处主要表现在思维模式上：优秀的高尔夫球手在推杆之前就看到球进了洞里。当然，他们也不会百发百中，但命中率很高。关键是要看到你想象的东西，这样你就更有希望实现你所看到的。

想象一下，在未来某个周日的美国高尔夫球公开赛上，出现以下情景。我们的主人公杰克在三个平行的宇宙中同时打高尔夫球。在每个宇宙中，他都在第18号果岭，面对同样的4英尺推杆。如果推杆进洞，他将赢得他的第一场比赛。

- 在铜牌宇宙中,他过度兴奋了。
- 在银牌宇宙中,他过度担忧了。
- 在金牌宇宙中,他非常冷静、专注。

在铜牌宇宙中,杰克相信这次推杆会改变他的生活。他的脑海里满是战利品的画面。他太兴奋了,因为他期待胜利胜过专注当下。杰克匆忙完成推杆进球的例行程序。他更加用力地握紧球杆,挥杆击球,然后球越过球洞 3 英尺,真令人沮丧。

在银牌宇宙中,杰克认为,如果这一球不进洞就会毁掉他的生活。他的脑海里满是耻辱和被嘲笑的画面。他极力避免失误,因而无法专注当下,赢得胜利。在推杆前的一番磨蹭之后,他紧张地环顾了一下四周,更加用力地握紧球杆,挥杆击球,然后球在距离洞口 1 英尺的地方停了下来,真令人遗憾。

在金牌宇宙中,杰克在心里默念:"辨认,击球,进洞。"他看着自己高尔夫手套上的金点,深呼吸了一下。他并不担心推杆,只是在思索如何一击即中。他满脑子想的都是怎样以正确的速度在正确的路线上开球。在这个目标明确的时刻,杰克唯一的想法就是**执行**。也就是说,他专注于身体能做的事情,而不是成败的意义。他松了松手,挥杆击球,动作一气呵成,然后便听到球落入洞中的声音,真令人兴奋。

请记住,想法决定感受,而感受影响表现。杰克的身体技能在三个宇宙中是相同的。在金牌宇宙中,他之所以可以推杆进洞是因为他有着正确的思维模式,不被推杆成败的意义所干扰,而铜牌宇宙和银牌宇宙中的他却被推杆成败的意义干扰了。在金牌宇宙中,他思维清晰,身体平静,注意力完全集中在任务上。

杰克相信,这次推杆会影响他的生活,但绝不会决定他的生活——他的自我价值与未来幸福都不会因此而岌岌可危。他并没有被别人如何看待他这次推杆的成败所困扰。凭借着这种冠军的思维模式,他遵循了自己推杆的例行程序,胸有成竹,发挥自如。

始终专注于过程与执行,不要担心结果的成败与好坏,无论你想在第 18 号果岭上推杆进球,锁定胜局,还是第一次就突破 80 杆。为了更像金牌宇宙中的杰克,你要运用你在这里所学到的东西;否则,胜利将与你失之交臂!

可以屈服,但不要放弃

> 像竹子一样弯曲但不要被折断。
>
> ——佚名

尽你所能在运动和生活之间取得平衡。然而,媒体上所有关于实现"生活平衡"的言论都可能误导你,因为一切都在不断变化中。那种认为在生活的各个方面都能够同时实现平衡或完美(或可控)的期望本身就是错误的。

当你在某一方面渐有喜色时,你的另一方面可能正趋恶化。也许你在运动中表现出色,但你没了和朋友在一起的时间。有时你觉得精力充沛,有时你又感觉浑身乏力。你好不容易在比赛中打得很好,你的球队却输掉了比赛。

在某些时期，你生活的某一部分需要你必须全力以赴，例如足球训练营期间、期末备考期间或季后赛期间。在这些时候，要求让运动和生活完全平衡是一种理想主义。

然而，顺应变化，掌控你所能掌控的，你就能保持专注，在持续的不平衡、模棱两可和变幻莫测中找到情感或内在的平衡。16世纪著名的法国散文家米歇尔·德·蒙田（Michel de Montaigne）说："不能驾驭外界，我就驾驭自己。"有时候，生活会发给你一手糟糕的牌。想要发挥出冠军级别的水平，就尽你所能打好手中的牌——因为这就是你所能做的一切。

通往卓越之路就是最后的王牌。要学习它，使用它。问问自己以下两个问题：

- 我将如何像冠军一样处理当前的局面？
- 我现在要做什么才能实现未来的目标？

如前所述，不要为你无法控制的事情浪费精力。相反，遵循以下提示将有助于你管理好自己，并控制可控制的：

- 要意识到，此刻困扰你的任何问题都会过去的。
- 将精力集中在解决当前的问题上，不要过度担心未来。
- 采取积极的行动，不要漠不关心和无所作为。
- 通过支持自身的权利和需求来保持自信，例如花必要的时间进行训练和体能恢复。有时，这需要将自己的利益置于其他人的利益之上。也就是说，学会何时向别人说不，然后坚持下去，从而减轻压力或坚持自己的优先事项。
- 与朋友、家人或专家交谈以获得帮助和支持，不要让自己孤立无援。
- 通过自我关怀和放松技术，释放紧张情绪，继续保持卓越。
- 保持无限的幽默感——发现你所处境况有趣或光明的一面。
- 最重要的是，在取得成功的过程中，要有明确的立场，保护与你的长期健康、幸福和亲密关系相关的核心价值观。正如我的一个事业有成的客户所说的那样："在成功面前，要永远保持头脑清醒。"

现在就开始你那训练有素的行动吧，让你的心理技能得到坚实而持久的改变。你完全具备了制订和实施心理技能成长计划的知识，这可以让你朝着梦想目标的方向前进。了解了这一点，你是否还会不断磨炼自己的每一项心理技能？在最紧要的关头，你是否会进行心理矫正？当谈到如何机智而努力地提高自己的心理技能时，不要纸上谈兵，去付诸实践吧！

第 10 章

心理上的适者生存

于成功而言,最艰难的是你必须一直取得成功。

——欧义·柏林(Irving Berlin)

那些心理最强大的人才能在体育运动中获得并保持成功。运动员要想取得进步，实现个人最佳成绩，就必须长期在训练强度和时间方面超越他人。如果你想获得成功并渡过难关，就必须坚持不懈，每天锻炼，让自己具备冠军一样的身体和思维，从而在运动中取得优势。

卓越不是随随便便就能实现的。它也不仅仅是一时的抱负、意外或成就。它需要我们精心去谋划，去设定并坚持不懈地追求高远的竞争目标才能实现。历史上最伟大的冠军都对自己想要实现的目标有一个长远的愿景和计划，并每天全身心投入到自身的专业中。制定每日或每周的改进目标有助于确保你始终朝着正确的方向努力。

你是像鸡还是像猪？ 一天，一只鸡和一头猪讨论要合伙开一家早餐馆。鸡对猪说："我们给餐馆起名叫'火腿和鸡蛋'吧！"猪仔细考虑了他将要承担的风险，然后说："不了，谢谢。我成了别人的早餐，但你只是参与一下而已。"鸡和猪合伙开餐馆的寓言故事说明了参与和投入之间的区别。

要想发挥出冠军级别的水平，请将你的运动生涯视为寓言中的餐馆提案。猪意识到，把自己完全献身于一个过程中（高投入）会增加成功的可能性。换句话说，全力投入必要的努力，才能成为最佳运动员。不要成为只想参与一半过程的鸡（低投入）。除非你在运动生涯中做到完全投入，否则你将无法实现自己的梦想目标。

帕特·莱利（Pat Riley）是 NBA 的前教练和球员。目前他是迈阿密热火队的总经理。莱利一共获得了 9 枚 NBA 总冠军戒指——4 次在担任洛杉矶湖人队主教练时，2 次在担任热火队总经理时，1 次在担任热火队主教练时，1 次在担任湖人队助理教练时，还有 1 次是作为湖人队球员时。莱利说："关于投入只有两种选择。你要么置身其中，要么置身事外。没有所谓的中间选项。"

持续地痴迷。布拉德·艾伦·刘易斯（Brad Alan Lewis）和他的赛艇搭档保罗·恩奎斯特（Paul Enquist）在 1984 年洛杉矶奥运会上夺得了双人双桨金牌，成为自 1964 年以来首位获得金牌的美国赛艇运动员，也是自 1932 年以来第一个获得金牌的美国双人组合。对刘易斯来说，高度投入等同于持续的痴迷。他在自己的书——《这就是我们想要的赛艇教练》（*Wanted: Rowing Coach*）中解释了自己是如何从优秀运动员变成金牌运动员的："如果在场哪一位想要参加奥运会的话，我可以告诉你到底应该怎么做：持续地痴迷。痴迷并不难，难的是如何持续地痴迷。"

布拉德追求卓越的方式让我很感兴趣，所以我请他分享更多他自己的想法以及促使他这样做的原因。他的回答是：

保持痴迷有助于沉浸在比赛中——当然，对我来说绝大部分情况是这样的。我天生容易痴迷。我的兄弟姐妹却不这样。我根本无法一心多用——所以我可以毫不费力地投入百分百的精力去争夺金牌，而不是一部分。如果你不能全身心投入，很自然你生活中的其他一切都会受到影响，并且会持续数年，但事情就是这样。我之所以能维持我的痴迷，是因为我把训练生活分成了一天一天的。我几乎每天都会和我的训练对手较量一番，我在纽波特港（位于加利福尼亚）就有很多这样的对手。我大部分的奖牌应该归功于他们，因为如果没有他们的陪伴，我就无法强迫自己承受必要的痛苦。

设定黄金优先级。达到最佳时间或实现运动或健身梦想目标到底有多么重要呢？无论是参加波士顿马拉松资格赛、大学里的体育比赛，还是奥运会，这都是一个值得问问自己的重要问题。运动或健身目标越高，就越需要重视思考，并做正确的事情来实现这些目标。这要求你真正下定决心，在思维模式、营养、锻炼、人际关系和伤病恢复等所有关键方面不断进步。

"我们说的是训练。我是说，我多么愚蠢？"还记得阿伦·艾弗森这段让人印象深刻的记者问答[①]吗？沃尔特·佩顿（Walter Payton）、拉里·伯德（Larry Bird）和泰格·伍

---

① 阿伦·艾弗森在一次赛后新闻发布会上被记者问及缺席训练一事后做了一大段回答，其中"practice"一词出现了20余次，在回答中，艾弗森说自己缺席训练很愚蠢，本应该以身作则，好好参加训练，却没有做到。

兹这些运动传奇人物和健身达人都会把高质量的训练和持续的改进放在首位。一位运动员跟我说，听说迈克尔·乔丹总是提前一小时到球场练习投篮，这让他深受启发，明白为了比赛有必要做一些枯燥乏味的事情。丹·盖博是历史上最伟大的摔跤手和教练之一，以下是他对设定优先事项的重要性的看法，尤其是在训练方面：

一旦你最终确定自己真正想要获得多大的成功时，你就必须设定优先级。然后，每一天，你都必须处理好最优先的事项。优先级较低的事项可以往后延，但优先级较高的事项不能往后延。也不要忘记那些优先级较低的事项，因为它们积少成多，也会给你带来麻烦。首先处理好最优先的事项。在担任主教练和助理的25年中，我想我可能只缺席过一次训练。为什么？因为训练一直是我的首要任务。倘若我在家庭生活或工作中没有完成某些事的时候，这一天就不算过去，因为这两者都是我的最优先事项。

休赛期的优先事项和赛季的时候有所不同，需要重新调整。在你的职业生涯中，你的优先事项也会不断变化。例如，15次入选NBA全明星的科比·布莱恩特曾与媒体分享了他是如何越来越重视营养问题以保持在比赛中的领先地位的。他会多吃瘦肉和蔬菜，同时少吃在职业生涯早期最喜欢吃的一些垃圾食品。"这糟透了，但这么做值得。"科比在谈论饮食方面需要注意的问题时说。

做别人不会做的事。足球明星莱昂内尔·梅西（Lionel

Messi）效力于西甲巴塞罗那足球俱乐部，并担任阿根廷国家队队长，他赢得了2011年国际足联（FIFA）年度最佳球员奖，成为第一位连续三次获得该奖项的球员。在2012年的赛季中，梅西再次夺得金球奖，打破了德国盖德·穆勒（Gerd Müller）保持了40年的年度进球最多的纪录，最终以91个进球的显赫战绩收官。由于取得了如此辉煌的成就，他第四次被冠以世界最优秀球员的称号。

梅西全心全意地致力于个人和团队的卓越成就。他说："我牺牲了很多东西，离开了阿根廷，离开了我的家人，开始新的生活……我为足球所做的一切，都是为了实现我的梦想。这就是为什么我不出去参加派对或做其他很多事情的原因。"这位超级明星前锋一直愿意做出必要的牺牲，以尽最大努力发挥自己作为球员和队友的全部潜力。

杰瑞·赖斯（Jerry Rice）在其辉煌的职业生涯中被认为是美式橄榄球史上最积极、最努力的球员之一。他在休赛期严格的个人训练使他每年都能以最佳状态出现在训练营中，因此他能够控制比赛并避免受伤。他的训练包括在陡峭的山坡从山底往山上全速跑2.5英里。在他漫长的职业生涯中，许多NFL球员都曾和他一起训练过，但大多数人都坚持不了多长时间就放弃了。

赖斯曾说："今天我会做其他人不会做的事情，所以明天我能够实现别人无法实现的目标。"他机智而努力地完成所有要求他做的事情以维持最高水平的成功。他热爱他的运动，并终生致力于追求卓越的成就。他也不害怕与其他顶级球员一起训练，因此能够更好地发展自己的能力。

恢复与感激。鲍勃·图克斯伯里（Bob Tewksbury）来自新罕布什尔州的康科德，是前 MLB 投手。在 1981 年选秀的第 19 轮选拔中，他从圣利奥大学脱颖而出，被纽约洋基队选中，尽管在整个职业生涯中，他的肩膀和手臂不断受伤，但他依旧在大联盟中稳扎稳打了十多年。1992 年，他在圣路易斯红雀队打出了他此生以来最好的一个赛季，战绩 16 胜 5 负，防御率 2.16。值得注意的是，他参加了全明星赛，并在当年的赛扬奖①投票中排名第三。

作为前球员，如今又担任波士顿红袜队的心理技能教练，图克斯伯里是谈论发展并维持竞技体育成功模式这一话题的上佳人选。2013 年，在 MLB 春季训练开始之前，他分享了对此的看法与经验。在我们的讨论中，关于其棒球成就主要有两个关键词：**恢复与感激**。他说：

> 我做了两次手臂手术，第二次手术的执刀医生认为我经历了这次受伤后，再也不能投球了。我被转会，被免除在球队的位置，并且六次从大联赛降级到小联赛。由于伤病和降级，我对比赛怀有一种并非所有球员都有的感激之情。我知道，能够当一天的大联盟球员就是一种礼物，更不用说十一年了。

那么图克斯伯里认为一些体能条件不错的棒球运动员未能一直保持成功的主要原因是什么呢？尽管图克斯伯里承认

---

① 赛扬奖（Cy Young Award），指的是美国职业棒球大联盟每年颁给投手的一项荣耀。这个奖项于 1956 年由会长福特·弗立克（Ford Frick）提议，用来纪念 1955 年过世的棒球名人堂投手赛·扬。

这是一个棘手的问题,并指出存在几种可能的解释,但他还是立即明确了两个主要原因。首先,可能是"没有了早期成功和经济回报带来的动力";其次,一些球员表现出不愿意或没有能力"随着年龄的增长而自我调整以继续发挥出大联盟水平"。

图克斯伯里举了一些运动员随时间改变的例子:"随着年龄的增长,投手必须调整他的投球风格,从强力型投手变成控制策略型投手;击球手必须改变他在本垒板上的击球方式,从远球力量转向另一种方式,一种中上的击球方式。"

振作与重生。完全投入,但同时小心不要透支自己。也就是说,你必须使你的选择更具战略性,并且对重生充满信心,以避免精疲力竭。瑞士网球明星罗杰·费德勒赢得了创纪录的 17 个大满贯赛事,完成了职业大满贯(即每个主要赛事至少赢一次)。2012 年,年仅 30 岁的费德勒重登世界第一的宝座。在采访中,他将自己在这项运动中的成功和长久的职业生命归功于早期的一个职业决定——不接受任何邀请(无论是锦标赛还是赞助机会)以免过度消耗或透支自己。他会从运动中抽出必要的时间来使自己的身心一直处于最佳状态,这样他就能继续享受他所做的事情。

齐普·贝克(Chip Beck)是一名职业高尔夫球手,在他的职业生涯中有很长一段时间他的状态一直处于最高水平。他 50 多岁时,仍然能在冠军巡回赛上表现出色。在他的整个职业生涯中,贝克曾 3 次在乔治亚大学入选全美最佳选手,在 PGA[①] 巡回赛上 4 次取得胜利,以最低平均杆数赢得了沃

---

① PGA,美国职业高尔夫球协会(Professional Golfer's Association)的英文简称。

尔登奖（Vardon Trophy），并且曾 3 次参加莱德杯比赛。此外，他还在 1991 年拉斯维加斯邀请赛的第三轮中打出 59 杆的好成绩，是目前 PGA 巡回赛史上仅有的六名打出 18 洞成绩的球员之一。

最近，贝克分享了他对在职业生涯取得长期成功的看法。他指出，高尔夫由于其漫长的职业生涯在职业体育中独一无二，并进行了以下比较："迈克尔·乔丹打了 13 年 NBA，但这与许多高尔夫球手相比根本不算什么，只要他们水平高超就可以在高尔夫赛场上屹立 30 年。"五届英国公开赛冠军汤姆·沃森（Tom Watson）就是一个很好的例子。年近 60 岁的沃森在 2009 年英国公开赛第 72 洞的时候差点就赢了，最终在四洞决赛中输给了斯图尔特·辛克（Stuart Cink）。

在我们的谈话中，贝克的竞争激情让我感到震惊，这种激情在打了一辈子高尔夫球后仍然在燃烧。他谈到了影响他在赛场上的表现的几个关键方面，如心理、身体和技术，这些都是取得长期成功所必需的：

心理因素是最重要的因素。对球杆产生恐惧反应会比其他任何事情都更快地让你出局，例如你走上发球台时心里想着"这真的太难了"或"我会把这个球打偏"。重要的是你的心思要从头到尾都放在挥杆上，不受任何干扰。这就是节奏思维和视觉意象真正起作用的原因。像杰克·尼克劳斯和黑尔·欧文（Hale Irwin）这样优秀的球员只会选择一个老师。他们从不一心多用，并且始终让自己的挥杆动作保持简洁，不会一下子做出太多改变。我并不像某些球员那样具备非凡的身体天赋，但我会通过定期锻炼以及保持健康来延长我的职业生涯。从长远来看，保持好的体型将有利于你的职业生涯。

如同大多数经验丰富的世界级运动员一样，贝克在他的职业生涯中经历了许多高潮和低谷。他在 PGA 巡回赛生涯后期经历了一次特别艰难的低迷期，从 1997 年至 1998 年，他连续错失 46 场 PGA 巡回赛。他承认自己已经被激烈的联赛弄得精疲力尽，应该在那段时间之前休息 3—6 个月。此外，他补充说，适当的休息对于高水平的表现至关重要。他解释道："你不能一直推杆，推杆，推杆。你需要好好休息，做好准备。这就像音乐的其他部分有时比音乐本身更重要。"

成为奥运常客。世界上只有少数运动员能够在奥运会上一展风采；多次参加奥运会的运动员就更少了。事实上，根据维基百科的数据，从 1896 年雅典奥运会到 2010 年温哥华奥运会，只有不到 500 名运动员参加了 5 届或 5 届以上的奥运会。在这些运动员中，只有 100 余名运动员能够参加 6 届奥运会。加拿大马术选手伊恩·米勒（Ian Millar）以参加 10 届奥运会创下纪录。

那些参加过奥运会，甚至参加过多次奥运会的运动员，展示了在其运动项目上的持久性和连贯性，这是他们选择的结果，而不是机缘巧合。这些人仍然保持着成为更好运动员的动力。他们喜欢学习、训练和竞争。他们和积极向上的人在一起，并向他们寻求帮助。现在让我们把目光放在一些曾多次参加奥运会的优秀运动员身上，了解他们是如何能够一直保持自身的成功的。

马克·格里梅特（Mark Grimmette）目前是美国无舵雪

橇协会（USA Luge）的运动项目总监兼主教练。作为一名雪橇运动员，格里梅特从1990年至2010年一直持续不断地参加各种比赛，包括5届冬季奥运会。他在男子双人赛事中获得了2枚奖牌，分别是1998年长野冬奥会铜牌和2002年盐湖城冬奥会银牌。他扛着美国国旗带领奥运代表团参加了2010年温哥华冬奥会的开幕式。我问他是如何做到整整20年都以如此高的水平参加比赛的。他回答说：

首先，雪橇是我的激情所在；我喜欢这项运动。其次，我有动力提升自己。我对雪橇运动的热爱让我长久以来都在这项运动中都保持着竞争实力，而这份激情和提升自己的动力结合在一起，使我在逆境中能够披荆斩棘，最终摘取职业生涯中的成功果实。然而，我取得成功的一个非常重要的因素是，无论我在这项运动上变得多么有经验，我始终保持着虚心受教的态度。我周围的人为我的成功做出了巨大贡献。

1976年至1996年，彼得·威斯布鲁克（Peter Westbrook）一直代表美国出征奥运会击剑比赛项目。作为6届奥运会美国代表队成员，他在1984年洛杉矶奥运会男子个人佩剑比赛中获得铜牌。威斯布鲁克还13次夺得美国国家击剑冠军。他跟我讲述了他是如何长期保持成功的。他说：

尽管要去各地参加比赛，但我能够从工作中获得回报。我非常热爱击剑这项运动，这使我可以毫不犹豫地为之奉献我数十年的生命。为了参加这6届奥运会，我一步步在心理层面强化自己。如果我不这么做，就不可能有后来的这一切。现在，我将对奥运会的热爱传递给成千上万的孩子，再看着他们凭借着这份热爱与奉献成为奥运会运动员、奥运会奖牌获得者和对社会有巨大贡献的人。

除了经济回报、对击剑的热爱以及强大的精神力量，彼得说他在每场比赛之前和比赛期间都会在身体上和心理上执行相同的例行程序。这些例行程序的目的在于在比赛时将他的"思想和情绪放在当下，而不是将来"。他说："我会把自己想象成一个训练有素的机器人，为最佳表现做好准备。"

对抗时光老人。 超级明星运动员在职业生涯中看重的是长期成功，而不是昙花一现。以下是一些令人印象深刻的例子，这些身心健康的运动员很长时间都站在成功的巅峰：

- 在21年的NBA职业生涯中，罗伯特·帕里什（Robert Parish）9次入选全明星阵容，3次在波士顿凯尔特人队获得总冠军，1次在芝加哥公牛队获得总冠军。
- 在20年的NFL职业生涯中，杰瑞·赖斯创下208次达阵得分的纪录，被美国国家橄榄球大联盟网（NFL.com）评为有史以来最好的橄榄球运动员。
- 在25年的网球职业生涯中，比利·简·金赢得了129个单打冠军，并且在6个不同的排行榜排名世界第一。
- 在25年的NHL职业生涯中，马克·梅西耶（Mark Messier）6次赢得斯坦利杯，其中5次是在埃德蒙顿油工队，1次是在纽约游骑兵队。

- 在27年的MLB职业生涯中，诺兰·瑞恩（Nolan Ryan）赢得了324场比赛，打出了7场无安打比赛。

年龄不是成功的障碍。例如，这位41岁的NHL新泽西魔鬼队守门员马丁·布罗德尔（Martin Brodeur）在2013年——他在联赛中的第20个赛季，仍然处于事业的巅峰。游泳运动员达拉·托雷斯（Dara Torres）夺得了12枚奥运会奖牌。她征战了5届不同的奥运会，包括41岁时参加的2008年北京奥运会。2013年，轻重量级拳击手伯纳德·霍普金斯（Bernard Hopkins）在48岁时与比自己小17岁的对手——塔沃里斯·克劳德（Tavoris Cloud）对阵，最终裁判一致判赢，他打破了自己的纪录，成了年龄最大的轻重量级拳击世界冠军。

1965年，52岁的山姆·史尼德在PGA巡回赛上赢得了大格林斯博罗公开赛（Greater Greensboro Open）。李洛伊·"萨奇"·佩吉（Leroy "Satchel" Paige）42岁才在黑人联盟开始他的职业生涯，是MLB中最年长的新秀。1965年，时年59岁的他重返大满贯赛场。萨奇曾经打趣道："年龄就是心胜于物的一个例子。如果你不介意，年龄就不是什么问题。"

日本出生的福田敬子（Keiko Fukuda）是一名武士的孙女，她信奉心胜于物的哲学，在98岁时成为唯一一位达到柔道黑带最高等级10段的女性。她是美国乃至全世界唯一达到此段位的女性。印度出生的英国公民华嘉·辛格（Fauja Singh）同样如此，他的绰号是"头巾龙卷风"，他是第一个跑完全程马拉松赛的百岁老人，以8小时25分钟的时间跑完

2011 年多伦多海滨马拉松。

在奥运方面,年龄最大的现代奥运选手是瑞典射击运动员奥斯卡·斯瓦恩(Oscar Swahn)。1920 年,72 岁的他在安特卫普奥运会上赢得了 1 枚银牌。斯瓦恩也是夺得金牌的年龄最大的选手,在 1908 年伦敦奥运会上 64 岁的他获得了冠军。英国射箭运动员西比尔·纽沃尔(Sybil Newall)是有史以来夺得奥运会金牌的最年长的女选手,她在 1908 年伦敦奥运会上以 53 岁的高龄完成了这一壮举。

从足球名将莱昂内尔·梅西到高尔夫球名宿齐普·贝克的故事中可以看出,持久力(发挥出最高水平的持久性)需要运动员全身心投入和对身体以外的细节的关注;它包括持续的痴迷、支持系统以及面对逆境(如受伤、降级和适应新角色)的韧性。

记住你参加体育运动的原因。今天就开始进行其他运动员不会进行的训练。然后休息、放松、恢复,以避免精疲力竭。在比赛的各个方面不断寻求取得进步的方法,始终专注于自我提升。知道了这些,然后问问自己:"我是鸡和猪合伙开餐馆这个寓言故事中的猪还是鸡?我是有所保留,还是全情投入?"

后 记

我们渴望完善自我，发展自身天赋，这使我们每个人都与众不同。我们都希望在自己最重要、最具竞争力的追求中取得成功。我们都想测试一下自己的才能在与他人才能的比拼中谁胜谁负，然后继续为自己的最高目标而努力。我们都期望与自己的优秀标准展开竞争，从而发挥出最佳水平。我们中的许多人还想证明自己的最佳状态比其他人的更出色。

几乎没有人能够超越自己的最佳状态，相反，人们往往无法发挥出自己的最佳状态。虽然我们都有身体方面的局限性，但在判断是否充分利用自身能力和潜力以及是否达到极限方面我们的思维是无限的。因此，运动员的主要目标就是在每次踏上训练或比赛场地时保持冠军心态。所有运动员都能够而且应该努力争取个人最佳表现，去看看他们是否能够扩展自己对可能性的认识。

拉丁谚语"Audentes fortuna iuvat"的意思是"命运女神偏袒有胆量的人"。遵循本书中介绍的冠军原则将确保你在面对运动挑战时，会拥有与冠军相同的勇气：你将会准备好成为你应该成为的人，因为卓越总青睐有通往卓越之路的人。利用你积累的心理与情感武器开始行动吧。

冠军永远不会只满足于自己眼前的成就，他会不断努力打破个人障碍，实现更大的成就。在训练和比赛中带上你对追求卓越的永恒激情与决心。想一想"我的个人最佳成绩只属于昨天"或者"我只能达到今天的个人的最佳成绩——昨天已经成了过去。"

帕特·莱利是篮球史上最伟大的教练之一，他曾说："冠军需要超越胜利的动力。"一个人寻求更好的技艺，不是为了金钱奖励或社会认可等外在的回报，而是为了内在的个人成就感和满足感。运动员主要是为了对运动的热爱以及发现一切可能性而竞争的。

冠军的目标在于通过在做自己最喜爱和最珍视的事情中缔造辉煌来表达与提升自我。自1956年至1968年，阿尔弗雷德·厄特（Al Oerter）连续4届奥运会夺得掷铁饼项目的金牌。他说："我没有打算打败全世界；我只是尽力做到了最好。"完全做自己之后，我们都会变得更加出色，成功的机会也大大增加。无论你做什么，幸福只能通过持续参与和改进我们认为重要的工作而获得。

你是通过失败者和学习者的双重视角来看待失败的吗？完美的表现或比赛是指，当哨声响起、你冲过终点线或训练结束时，无论结果或外在的评价如何，你都能够坦诚地说你竭尽全力了。每一次比赛，你要么赢得胜利，要么学到一些新的东西，从而让你在下一次努力中变得更加强大。记住，记下学习和发展过程中的失望，然后将注意力转移到为下一次比赛做准备上。

创纪录的短道速滑选手阿波罗·奥诺（Apolo Ohno）夺得了8枚奥运会奖牌（包括2两枚金牌）。他的生活哲学是，竭尽全力，做到最好。在《无悔无憾：比昨天更优秀》(Zero Regrets: Be Greater Than Yesterday) 一书中，奥诺给出了自己对胜利的定义：

> 胜利并非总意味着获得第一名。不管别人怎么说，第二名、第三名甚至第四名，也都是胜利。真正的胜利是无悔无憾地抵达终点。全力以赴，然后接受结果。

知道自己以最好的态度全力以赴，竭尽全力，就没有什么能打破内心的平静。永远不要因为在比赛中没有拿出最好的态度或没有尽到最大的努力而让自己处于失败之地。请记住，只有你才能控制自己的态度和努力。所以，始终与自己的最佳状态展开竞争——无论记分牌上有什么或者你的团队排名如何。发现身体极限的边界，然后尽自己最大的努力做到最好，这也是你个人成功的真正标准。

佛陀的教诲中有关于生活和运动的宝贵的心理课：

> 战胜自己好过赢得一千场战役。战胜自己，胜利就是属于你的。无论天使还是恶魔，无论天堂还是地狱，都无法从你这里夺走它。

对运动员来说，战胜自己意味着培养冠军的思维模式。不要让自我怀疑和消极的想法妨碍你发挥自己真正的水平。

为了继续前进，当精神不集中或体能滑坡时，提醒自己集中精力，努力以自己的最佳水平展开竞争，重申自己想要成为冠军的承诺。把短暂的负面情绪（如焦虑或无聊）作为立即恢复通往卓越之路模式的重要提示,并将你的态度和努力提升至最高水平。再说一遍,你尚未失控,大局还在你的掌握之中。

无论你面临什么,这都是一个让你出类拔萃的机会。无论如何,奋身而起迎接当下的挑战。尽自己最大的努力和能力去竞争,然后从这种对生活事件随机应变的方式中去成长。练习做出这种转变并取得成功的次数越多,你的通往卓越之路模式就会越持久。

冠军的旅程(追求最佳或金牌自我)是非常有价值的,但无可否认也是很艰难的。你必须在场上和场下坚持更高的标准。你必须让自己超越规则,而不是破坏规则。你需要将精力集中在实现卓越的日常行为上。即使分心或怀疑,你也必须在比赛中保持一种以眼前事实为依据的心态。

勇于在运动和生活中追求自己最想要的东西。如果你有勇气开始,你就会有勇气完成。把"只要金牌,永不满足于银牌"视为你的人生格言,并将其付诸日常实践。充分展现你在场上和场下的生命潜力,因为你的生命是独一无二的。以这种方式思考是任何冠军的终极胜利。现在你可以为做好准备接受冠军的荣誉而宣誓了:

通过我的努力,我会保持身体强壮,精神专注,决心坚定。

我决定以力量、目标和激情在当下竞争。

我知道,每一滴汗水,每一寸肌肉酸痛,都是对卓越的投资。

我努力做到最好,竭尽全力,我的努力会带来欢乐。

没错，痛苦总会降临，但我能忍受它。
当我的思想拒绝屈服时，我的身体就赢了。
在失败中，我会反思和学习。
在胜利中，我会尽情享受荣耀的时刻。
明天，我会重新开始努力。

附录 I

成为一名冠军型学生运动员

> 师傅领进门,修行靠个人。
> ——中国谚语

1. 无论你是否愿意,都要准时出席每一堂课。
2. 上课时认真听讲,做好笔记。
3. 勇于在课堂上提问,组建学习小组,必要时请教老师。
4. 每天学习一点点,不要到最后临时抱佛脚。训练你的大脑在特定的时间做特定的事。
5. 努力与聪明两者兼具才能取得好成绩——成功没有捷径可走,也没有魔法可用。不要在学业上偷工减料。
6. 相信自己只要用心就可以在任何科目中脱颖而出。
7. 把学习当成运动,把作业视为挑战,在课堂上展开竞争。竞争与合作使每个人都变得更加优秀。

附录 II

睡眠秘诀

1. 睡多久才会使你感觉良好呢？关键是要有足够的睡眠。研究表明，大多数人每天至少需要 8 个小时的睡眠。

2. 睡觉前停下手头的工作，给自己一些放松的时间。睡前不是解决问题的时候。睡前一小时不要看电视或上网。如果你觉得紧张，找一本最无聊的书或文章读上几页你就会昏昏欲睡。

3. 快到睡觉的时候，关掉或调暗头顶上的灯。否则，你的大脑仍然会认为现在是白天。如果需要的话，可以用睡眠眼罩和耳塞来隔绝噪音和光线。

4. 想一想你的梦想是什么，而不是为今天已经发生的事情耿耿于怀或为明天的日程安排担忧不已。

5. 选择一个对你有帮助或能使你平静下来的想法或关键词，然后一遍又一遍地重复，直到你睡着为止。

6. 使用书中提到的 15 秒呼吸法和其他减压策略。

7. 如果你实在无法入睡，就不要在床上浪费宝贵的时间。起床去做你能想到的最愉快的事情，直到你精疲力尽。

致 谢

我要感谢我那世界一流的经纪人海伦·齐默尔曼（Helen Zimmermann）对这本书的信心，以及她为了帮助我实现写完这本书的梦想所做的一切。

我要感谢我的编辑乌苏拉·卡里（Ursula Cary）的远见卓识和扎实的编辑功底。我还要感谢艾琳·威廉姆斯（Erin Williams）、克里斯·罗德（Chris Rhoads）、杰斯·弗洛姆（Jess Fromm）、布伦特·加仑伯格（Brent Gallenberger）、艾米丽·韦伯（Emily Weber）以及罗德尔出版社（Rodale Books）的其他工作人员。

特别要感谢这几位奥运冠军，感谢他们分享了自己鼓舞人心的故事：邓肯·阿姆斯特朗、约翰·蒙哥马利、加布里尔·奇波洛内、亚当·克里克、达娜·喜、尼克·海松、菲尔·梅尔、娜塔莉·库克和格伦罗伊·吉尔伯特。

还要感谢吉姆·克雷格、老加里·霍尔博士、达夫·吉布森、史蒂夫·巴克利、柯特·托马斯维茨、谢拉·陶尔米娜、约瑟·安东尼奥博士、阿曼达·塞奇、布拉德·艾伦·刘易斯、鲍勃·图克斯伯里、齐普·贝克、马克·格里梅特和彼得·威斯布鲁克等的卓越贡献。

致 谢　265

也由衷感谢许许多多优秀的运动员和教练，多年来，他们教会了我许多关于如何培养通往卓越之路以及如何从内心赢得比赛的知识。

最重要的是，感谢我幸福的家庭：我的妻子安妮和我们的女儿玛利亚·帕斯。她们让我的生命变得如此特别。

图书在版编目（CIP）数据

通往卓越之路:像冠军一样思考、感受和行动/（美）吉姆·阿弗莱莫著;曾琳译. --北京:北京时代华文书局, 2021.11

书名原文: THE CHAMPION'S MIND

ISBN 978-7-5699-4437-2

Ⅰ.①通… Ⅱ.①吉…②曾… Ⅲ.①成功心理—通俗读物 Ⅳ.①B848.4-49

中国版本图书馆CIP数据核字(2021)第216546号

Copyright © 2013 by Jim Afremow

Published in arrangement with Helen Zimmerman Literary Agency, through The Grayhawk Agency.

简体中文版由银杏树下（北京）图书有限责任公司出版

北京市版权局著作权合同登记号 字：01-2021-4477

通往卓越之路:像冠军一样思考、感受和行动
Tongwang Zhuoyue Zhilu: Xiang Guanjun Yiyang Sikao、Ganshou He Xingdong

著　者｜[美]吉姆·阿弗莱莫
译　者｜曾　琳
出 版 人｜陈　涛
责任编辑｜李　兵
装帧设计｜墨白空间·张静涵
责任印制｜訾　敬

出版发行｜北京时代华文书局 http://www.bjsdsj.com.cn
　　　　　北京市东城区安定门外大街138号皇城国际大厦A座8楼
　　　　　邮编：100011　电话：010-64267955　64267677
印　　刷｜天津创先河普业印刷有限公司　022-22458683
　　　　　（如发现印装质量问题，请与印刷厂联系调换）

开　　本｜889mm×1194mm　1/32　印　张｜9.25　字　数｜196千字
版　　次｜2021年11月第1版　　印　次｜2021年11月第1次印刷
书　　号｜ISBN 978-7-5699-4437-2
定　　价｜45.00元

版权所有，侵权必究

《超水平发挥：心理素质训练手册》

☆做一个内心强大的勇士，关键时刻不掉链子，实现超水平发挥

内容简介 | 这是一本由一位性格非常独特的专家写就的追求卓越的指南。在这本简单易懂的书中，作者运用自己令人着迷且常常充满刺激的人生经历（曾担任海军飞行员、联邦特工、军事网络安全专家、巴西柔术黑带和最佳表现教练），解释那些必须具备的心理技巧，从而在教与学之间搭建起了一种强大的连接。

简言之，在这本书中，作者会以一种简单易懂的方式，教你如何保持冠军的心态，获得心理上的优势。教你如何做好出类拔萃的准备，如何在学习、练习、运用这些强大的概念和经过反复验证的技巧时，做到将比赛抛诸脑后。

著者：[美] D.C. 冈萨雷斯（D.C. Gonzalez）
爱丽丝·麦克维（Alice McVeigh）
译者：付金涛
书号：978-7-210-10221-2
出版时间：2018年6月
定价：36